中国天气谚语志

The Weather
Proverbs of China

宋英杰 / 著

中信出版集团 | 北京

目录

序 言

洞察气象，一直是人类的一种高级智力游戏，自古以来汇集了不可胜数的「高级玩家」。

天气谚语，是本着「高手在民间」的理念所进行的思想和智慧「众筹」。

其实，天气谚语也具有自净能力，在传承和应用的过程中悄悄地与时俱进。

天气谚语，我们既要吸纳它的科学营养，又要品味它的文化回甘。

我们为什么会有一种先贤崇拜的"好古"心态？费孝通先生在其《乡土中国》中是这样阐释的：

乡土社会是安土重迁的，生于斯、长于斯、死于斯的社会。不但是人口流动很小，而且人们所取给资源的土地也很少变动。在这种不分秦汉，代代如是的环境里，个人不但可以信任自己的经验，而且同样可以信任若祖若父的经验。一个在乡土社会里种田的老农所遇着的只是四季的转换，而不是时代变更。一年一度，周而复始。前人所用来解决生活问题的方案，尽可抄袭来作自己生活的指南。愈是经过前代生活中证明有效的，也愈值得保守。于是"言必尧舜"，好古是生活的保障了。

接着，费先生讲述了自己经历的故事：

我自己在抗战时，疏散在昆明乡下，初生的孩子，整天啼哭不定，找不到医生，只有请教房东老太太。她一听哭声就知道牙根上生了"假牙"，是一种寄生苗，吃奶时就会发痛，不吃奶又饿。她不慌不忙地要我们用咸菜和蓝青布去擦孩子的嘴腔。一两天果然好了。这地方有这种病，每个孩子都发生，也因之每个母亲都知道怎样治，那是有效的经验。只要环境不变，没有新的细菌侵入，这套不必讲学理的应付方法，总是有效的。既有效也敢不必问理由了。

然后，他对此进行了深刻的剖析：

像这一类的传统，不必知之，只要照办，生活就能得到保障的办法，自然会随之发生一套价值。我们说"灵验"，就是说含有一种不可知的魔力在后面。依照着做就有福，不依照了就会出毛病，于是人们对于传统有了敬畏之感了。

如果我们在行为和目的之间的关系不加推究，只按着规定的方法做，而且对于规定的方法带着不这样做就会有不幸的信念时，这套行为也就成了我们普通所谓"仪式"了。礼是按着仪式做的意思。"礼"字本是"从豊从示"。"豊"是一种祭器，"示"是指一种仪式。

基于传统，不计缘由，唯求"灵验"，不必知晓由此及彼的因果律，只需依照由此而彼的相关性。信奉和敬畏"灵验"背后的魔力，并虔诚地以礼仪待之。

这，或许便是天气谚语生长的土壤。

我们的气候理想是风调雨顺。谚语说："夜雨昼晴，天下太平。"希望天气不要对人有丝毫打扰。最好的天气，是人们可以安闲地忘记天气。

人们希望天气是温和的、宜人的，春如恩诏，夏如赦书。但我们所处的雨热同季的季风气候，是两种极致的叠加。它在以阳光雨露高效养育万物的同时，也有气候的变率大、天气的极端性强等特点。

"寒"字演化过程

金文"寒"：
"宀"表屋，
"二"是"仌"，即"冰"的变形，
"夕"表夜，
"人"周围的"茻"表干草，
示意：屋内结冰，人需要钻进草堆睡觉，这是多冷！因此，用"寒"来定义显然最恰当！凉，算什么？"已凉天气未寒时"。正如《列子·汤问》所说："凉是冷之始，寒是冷之极。"

象征最冷之意的"寒"，这个字所代表的，是古人最愁苦的时节。

于是，与其他地方的人相比，我们的前辈更是以敬畏之心，小心揣度，仔细划分，认真归纳，将逐渐累积的智识，融入节气和谚语。

《乐活国民历》中有这样一段描述：

逢岁暮，母亲总会到邻里香火鼎盛的福德祠，索讨一本农民历，并喃喃叮嘱我多多参酌，不可不忌天象，徒增错难。对于在深山里农耕的母亲而言，那是祖先的生活识见。那一本鲜黄封面的薄薄小册，静静地成为维持家庭运作的小依归，无关乎信仰，只因那古老节气里潜隐着大自然的习习生气。

唐代《相雨书》中的一段话说得非常好：

天地之大，万物俱载。不风不雨，民复食土。既风既雨，乃得其所。数风数雨，人民其苦。若夫太平之世，五风十雨，市井晏安之时，得是书以课卜阴晴，亦是隐居一乐耳。

天行有常，并不以宜人为律。没有绝对的好天气，也没有绝对的坏天气。晴很好，亢则旱；雨不错，霪则涝。久晴盼霖，久雨盼霁。我们通常以自我得失来衡量天气的好坏。

悉心找寻天气的规律，为人们推测阴晴冷暖，让预见成为一种生活品质甚至生命保障。倘若气象能够像人们期盼的那样五日一风、十日一雨，一幅太平景象，那么手捧一本占卜天气的谚语书，闲适地晒晒太阳，喝喝茶，也算是隐居生活中的一桩乐事吧。

曾经的观云相雨的俗谚，未必能够被归为雅言，未必能够被收纳为现代意义的卜天之术，但是那些言语，有性情，有妙趣，既接天气又接地气，透露着先人看待世界的思想轨迹。希望它们，如同风土故事一样，活着。

我们记得，我们懂得。

起初，最令我震惊的天气谚语，是人们熟知的"八月十五云遮月，正月十五雪打灯"。且不说准确性有多高，当时就觉得：这是历史上的哪位大神说的？思维如此灵动和跳跃。居然可以想到要去捕捉这个 150 天跨度的天气韵律！那种不满足于"翌日有雨"的渴望，那种渴求预知的不安分，催生了挣脱定式的智慧。我觉得它最具光彩的，或许并非预测的准确度，而是思维的自由度。

德语谚语：

Wer auf den Wind achtet，der säet nicht，

wer auf die Wolken siehet，der erntet nicht.

英语谚语：

He who pays attention to the wind never sows his seeds，

he who watches the clouds never harvests his crop.

（关注风的人从来不播下种子，关注云的人从来不收获粮食。）

靠天吃饭，不是不需要关注风云，而是不能仅仅关注眼前的风云。

当然，很多天气谚语，并非用于占卜或预测，而只是一种描述，甚至只是借用天气"起兴"，以其现象、规律、道理来解读问题，借助气象，品味万象，属于旁征之征、博引之引。

丹麦有则谚语：

绝不要小看天气的重要性。如果不经常变天，90%的人不知道如何开始一段对话。

英语中的一个短语 shooting the breeze，不是向微风射击，而是闲聊天。

生活中，人们的聊天往往真的是从聊"天"开始的。

我曾问网友："你最熟悉的天气谚语是哪条？"重复率最高的回复，居然是"天要下雨，娘要嫁人"。

暂且可以把天气谚语分为两类，一类是看云识天的，另一类是由天及人的。

哈萨克族有一句谚语：云能飞过的山，都不能算高山。表面上说的是云，但实则说的是关于人的道理。老子说的"飘风不终朝，骤雨不终日"，起初的本意也不是诠释强盛的风雨难以持续，而是说天亦如此，何况人乎？

英语中也有一些口语中的说法具有谚语属性，例如：

Face like thunder.（直译：电闪雷鸣的脸。）

说的是 Being clearly very angry or upset（情绪愤怒或者烦躁）。

Under the weather.（直译：在天气中。）

说的是 Feeling unwell, sad or lacking energy（痛苦或无力的状态）。

Chase rainbows.（直译：追逐彩虹。）

说的是 Try to achieve the impossible（干那些干不成的事）。

Head in the clouds.（直译：脑袋在云里。）

说的是 Have unrealistic or impractical ideas（抱有不切实际的幻想）。

Snowed under……说的是 Having too much to do，事太多，人太忙。

在这里，说的是天气，但想说的又不是天气。

所谓天气谚语，也并非每一条都是推测天气或气候的判据，其中有很多便是当时人们对气象的感慨和实况描述。例如 1796 年（嘉庆元年）浙江临安大雪，于是当地流传起一句谚语：嘉庆元年，积雪齐檐。

春风摆柳，媳妇变丑。

是说春天来了，农活儿忙了，媳妇顾不上梳洗打扮，显得有点丑，只是家中的调侃。

旱时一滴如甘露，涝后添雨不如无。

天气也常常被借用，来揭示世间的道理。

垄上风一季，不如枕边风一句。

哈哈，遗憾的是，气象局缺少关于"枕边风"的观测资料。

当然，狭义的天气谚语，便是具有占卜或预测意味的谚语。有些谚语历史悠久，在流传的过程中，逐渐形成朗朗上口的韵语化。有些带着地域性显著的乡土气息，不求优美，唯图灵验。

有些谚语，是几乎可以放之四海而皆准的所谓"通行谚"；有些谚语，却有着离开本地便"水土不服"的局限性；有些谚语，可以与气象学原理不谋而合；有些谚语或许并无科学基因；还有些谚语，随着气候变化，需要与时俱进。

其实在古代，人们在应用天气谚语的过程中，也在不断验证和修正，所以才会有"颇准""甚验""屡验""不验""屡不验"的评语。没有充分个例进行验证的谚语，便会被贴上"未验"的标签。可见，人们并非仅仅止于先贤崇拜，而是通过实况对谚语进行检验和甄别，这正是基于实证的科学精神。

现今依然存续的天气谚语，根据一些学者的搜集和统计，应该不少于40000 条。但随着时代的变迁，天气谚语已不再是人们观云测天时所倚重的手段。

在都市之中，天气谚语已然变得模糊和陌生。即使在乡村，天气谚语也已成为老人口中念叨的"老话儿"。如果说某些农事谚语还是老人家意念中的农事指南的话，那么很多天气谚语已渐渐尘封，能够信手拈来，以此聊"天"的人越来越少了。或许有些人，下意识地鄙视那些风土的谚语，视其为迷信或臆断。毋庸讳言，很多谚语、很多关乎气象的旧俗，确实有违如今的时代逻辑，有些让我们感觉浪漫到虚幻，有些则粗陋到喜感。

翻阅旧书，品读一些天气谚语，品味其精妙与局限，带着包容和感恩之心去抚触那些曾经滋养过、护佑过年景和岁月的遗存，与科学无悖。谚语中蕴藏着深厚的文化，只是我们渐渐地疏离了它们，才会觉得天气谚语中只留存了一些最肤浅或者最功利的"一招鲜"。

我特别喜欢钱穆先生的一句话：

所谓对其本国以往历史略有所知者，尤其附随一种对其本国以往历史之温情与敬意。

这句话，特别真切地言说了我对天气谚语的态度。

我在微博上的标签，十个字：

民以食为天，我以天为食。

要琢磨天气，还要琢磨前人曾是如何琢磨天气的，有时琢磨得很孤独。

不过，云行路千条，我走一条路；云比我逍遥，我也不嫉妒。

通过一些国家的气象主播、记者、作家以及一些粉丝，我也搜集了数量比较可观的国外天气谚语，希望在品读天气谚语的过程中，将其融会贯通，毕竟人们在认识气象的思维上存在诸多交叉与暗合之处。

英语中的一则谚语，我很喜欢：三月，来如雄狮，去如羔羊。形容三月初还是风雪交加，而三月末却是丽日和风，很传神地描述了气候特征。

年轻时，品味我们的天气谚语，自豪到有些轻狂，潜意识中觉得天气谚语中的灵动思维和巧妙逻辑或许是我们独有的。后来发现，无论对于天气韵律的捕捉，对于物候次第的借用，还是打磨谚语过程中的修辞和声律技巧，我们皆需待之以温情和敬意。乔布斯演讲中引用的那句话：Stay hungry, stay foolish！有人把它翻译得很优雅：求知若饥，虚心若愚。我还是更喜欢它的通俗直译：保持饥渴感，保持愚钝感。

以饥渴感和愚钝感，重新品读天气谚语。"很多事犹如天气，慢慢热或者渐渐冷，等到惊悟，已过了一季"。但如今气象，往往不是慢慢热或者渐渐冷，而是热得很突兀，冷得很急促。天气带给我们的"惊"更多了，但我们借助天气得到的"悟"却少了。只因为我们常常只惊而未悟。

谚语的很多内容与我们已经渐行渐远，但谚语所承载的理念却并不浅陋和古旧，简洁、鲜活、亲近生活情境的描述方式，易于记述和传播，这在现今依然清雅。

让科学更流行、更亲民，使人们有时可以DIY（自助式）地体验和理解天气气候的现象和规律，我们的气象信息传播不也需要一些谚语手法吗？

找寻并品味谚语，不只是甄别或评述某些谚语的精妙或悖谬，更重要的是，走近谚语所代表的家常视角、平民思维、乡土情结。

宋英杰

注：本书所说的天气谚语，实则包括天气、气候、气候变化等相关谚语，从学科的角度称为气象谚语更确切些。但自古以来，无论中外，都习惯将其称作天气谚语，故本书以文化习俗为准。

第一章

朝霞不出门，晚霞行千里

天气谚语的奥秘

科学昌明的时代，有一个问题是必须回答的，这个问题就是："谚语还有用吗？"

以文化的视角，这个问题或许有些冒犯，但这是一个特别值得探讨且不该回避的问题。

客观地说，如果从描述天气现象、气候规律的视角去衡量，天气谚语自有其可取之处。朴素、简洁、生动，至今很多人依然是气象科学的观众、谚语文化的信众，他们笃信："还是老话儿准啊！"

其实，如果只是从预见能力的视角去衡量，天气谚语的准确度已无法与现代的监测水平和预报能力相比肩。无论是看风云、观物象类的谚语与以动力学为预测基础的短时间预报相比，还是关键日、天气韵律类谚语与以统计学为基础的长时间预报相比，即使是预测原理与现代科学相吻合的谚语，其预测的时效或精度都远不及现代科学。

英语谚语这样说：

Crickets are accurate thermometers; they chirp faster when warm and slower when cold.

（蟋蟀是最精准的温度计。热，叫得快；凉，叫得慢。虽然蟋蟀被誉为"最精准的温度计"，但它并没有现代的温度监测那样精准。从前所谓的"准"，只是科学方法出现之前的替代品而已。）

　　但是，我们对于古老的天气谚语是不是存在误解和轻视呢？
　　我们拿两则谚语做一番解析吧。

朝霞不出门，晚霞行千里。
　　曾经在"你最熟悉的天气谚语"评选中，"朝霞不出门，晚霞行千里"名列榜首。这是人们熟知的一则天气谚语。
　　而且还有其他一些版本，例如：

朝出红云落晚雨，晚出红云晒崩天。
　　南宋《吴船录》的版本是：
　　朝霞不出门，暮霞行千里。

　　午后对流旺盛，至日落时，空中水汽多，云层厚实。云层厚实，一般无霞。若见霞，乃空中水汽不多之故，故主晴。
　　夜间辐射冷却，一般无对流活动。若有朝霞，说明异地天气系统抵达，乃将雨之兆。

　　明代杨慎《古今谚》的版本是：
　　早霞红丢丢，晌午雨浏浏；晚来红丢丢，早晨大日头。
　　英语中牧羊人的版本是：
　　Red sky at night，shepherds delight.

Red sky in the morning, shepherds warning.

水手的版本是：

Red sky at night，sailor's delight.

Red sky in the morning，sailor take warning.

他们都是通过观察云朵和天空颜色的变化来判断天气的。

《圣经》中有：

When evening comes，you say，it will be fair weather for the sky is red.

And in the morning，today it will be stormy for the sky is red and overcast.

You know how to interpret the appearance of the sky，but you cannot interpret the signs of the times.

德国天气谚语也是同样的描述：

Abendrot，schoen' Wetter bot，

Morgenrot，schlecht' Wetter droht.

日语中也有类似的天气谚语：

夕日がきれいな次の日は晴れ。

美丽的夕阳预示着次日是晴天。

在西风带，"朝霞不出门，晚霞行千里"这句谚语是没有国界的，几乎是各国天气谚语中的"标配"。

空气中飘浮着无数的尘埃和水汽，它们能将阳光散射开来，波长越短越容易被散射，赤橙黄绿青蓝紫，红色与橙色的波长最长，最不容易被散

射。早晨或傍晚，日出、日落时阳光是斜射的，在大气中"走"的路程比较长，漫漫长路，需要经历大气中各种颗粒的散射，本来是七色阳光，等到达我们视野的时候，剩下最多的，是红色和橙色，于是成为我们眼中的红霞。

这时的云，如同火烧，又称"火烧云"，但并非火灾，只是当太阳高度角比较低时，经过长途跋涉的阳光被散射得"损兵折将"之后剩下的颜色，路遥见赤橙。

早晨，热力对流尚不旺盛，尘埃尚未泛起，所以空气中只有水汽（当然，现在 PM2.5 往往也不少）。如果出现朝霞，说明本地低空的湿颗粒多，水汽比较丰沛。随着气温升高，对流加强，即使在没有外来天气系统的"干预"下，天气也很可能转差。傍晚，经过阳光一整天的烘烤，湿度较小。如果出现晚霞，往往是尘埃这样的干颗粒对阳光的散射所致，所以本地及上风向（西）比较干燥，次日天气晴朗的概率较高。

但是也有例外，当太阳已经落山，已达地平线之后，如果晚霞的霞光并未消失，说明地平线下的光线受到云底的反射，于是晚霞会呈现淡淡的红色。这证明本地以西有云层存在，可能导致本地天气转差。有谚语说：日暮胭脂红，无雨也有风，便是这个道理。

另一则谚语是：日没返照主晴，俗名为"日返坞"。

两则谚语看起来很相似，差别在哪里呢？

农民的感悟是：返照在日没之前，胭脂红在日没之后。

此外，在 DIY 看云识天气时非常容易混淆的还有：夕阳西下的时候，如果大片浓密的云与地平线相接，便预示深夜开始就可能下雨。天气谚语的说法就是：日落云里走，雨在半夜后。但如果在夕阳西下的时候，映衬夕阳的云彩不与地平线相接而是悬空的，一条条，一块块，那么第二天才有可能是大晴天。

即使天上"原有黑云，日落云外，其云，夜必开散，明朝必甚晴也"（见元代娄元礼《田家五行》）。天气谚语这样说：今夜日没乌云洞，明朝晒得背皮痛。所以，古人对清晨和傍晚是这样总结的：朝要天顶穿，暮要四边悬。清晨，天顶要没有遮盖；傍晚，太阳落山时即使有云，也要是悬空的，不能与地平线相接。

写了这么多，只是想说明这则谚语是超越国界和年代的。但是，中国古人在应用这则谚语时是有明确限定的。

按照元代《田家五行》中的解读：

朝霞暮霞，无水煮茶。主旱。此言久晴之霞也。

朝霞不出市，暮霞走千里。此皆言雨后乍晴之霞。

这就是说，所谓"朝霞不出门，晚霞行千里"只是专指"雨后乍晴之霞"。

还有一则谚语有时拿出来作为"朝霞不出门，晚霞行千里"的反例：

朝出晒杀，暮出濯杀。

这则谚语语句工整，被广泛引用。但"朝出""暮出"的主语是谁呢？常被想当然地理解为云霞。但在这则谚语的"老家"，本指的是菌类。

草屋久雨，菌生其上，朝出晴，暮出雨，谚云：朝出晒杀，暮出濯杀。

它体现的是菌类的智慧，早晨长出来，预示晴天；晚上长出来，预示雨天。

所以，谚语往往具有语句之外的限定性，但当其流传超出原本已俗成的区域，人们有时会超范围使用，让小马拉大车，使很多谚语力所不能及。

所以我们评说谚语局限之前，先不要误解它。

上风皇，下风隰；无蓑衣，莫出外。

所谓上风皇，是指风的来向即上风区，天气晴朗；下风隰，是指风的去向即下风区，天气阴沉。这时候，不要轻易外出，因为出现降水的概率很高。

这则谚语体现了气象学中的大气辐合现象。如果把风比作行驶中的车，上风区是晴，车开得很快；下风区是阴，车开得很慢（甚至拥堵），气流不懂得及时"刹车"，就有可能在下风区造成"追尾"，即造成降水。

不怕云彩顺风流，就怕云彩乱碰头。

也在诠释类似的原理。如果云彩们都是顺风流动，走得快点慢点无妨，就怕前边的慢而后边的快，一碰头就有可能引发"事故"。如果云彩们不是同一方向行进，而是迎头相撞，东边的风往西刮，西边的风往东刮，不是"追尾"而是"对撞"，那么"事故"可能更为严重。

很多天气谚语，有着地域性的局限，但这则谚语则不然，几乎可以"通吃"，非常具有"放之四海而皆准"的普适意义。

谚语中的判断思维，讲述的是可能性，即概率思维。但在表达上，因为韵律或渲染上的需要，往往体现的是一种因此而彼的因果思维，在流传和应用的过程中，容易被绝对化。元末娄元礼在《田家五行》中的说法还有："上风虽开，下风不散，主雨。"所谓"主雨"，就是较大的降水概率，而不是肯定出现降水。虽然"降水概率"一词出现在中国的天气预报业务中，只是1995年前后的事情，但实际上中国古人早有关于降水的概率思维。

不少人一提起古老的天气谚语，往往会下意识地觉得过时了，但是相当比例的天气谚语虽然"着装"朴素，却包裹着一颗高贵的科学之心。品味之后，方有敬畏。

雨水节气是早稻的"可耕之候"，然后就指望着"立夏小满，雨水相赶"的梅雨。到了"亦稼亦穑"的芒种，终于有了一季收成。

晚稻指望的台风雨，时无定例，什么时候来就看老天爷的心情了。指望的是雨，但期盼的是风。所以风神的民间地位高，雷公、电母都往往在风神庙里"借宿"。正因为晚稻需要的雨水没准信儿，可能空档，也可能扎堆儿，所以关乎晚稻的祈祷更繁多。建于1911年的台南菁寮小学，校门前便是祈盼及时雨的"金狮宋江阵"。台湾南部有一则谚语：早春雨，慢冬露。是说早稻靠的是雨，慢冬（晚稻）甚至有可能都得靠露水。这则谚语与其说是在预测，不如说是在感慨。

我们再看两则描述气象规律的谚语：

开门风，关门雨。

这句谚语是指早晨开门时刮起大风，傍晚关门时可能会降雨。

英语天气谚语中也有这样的说法：

Mountains in the morning, fountains in the evening.

（早上云如山，晚上水如泉。）

如果没有外来系统的介入，早晨起来时对流尚不旺盛，所以很少会有风。早起便有大风，说明气旋可能将至。"开门风，关门雨"，说明从有一点"风声"，到降雨开始，往往需要半天时间。也正是这半天的天气转变时间，留给了从前的人们观察推测的余地。

古人用"朝云暮雨"来形容多变与无常，并带有贬义。但朝云暮雨实在很正常，不应受到鄙视。早晨，风把云吹来了，于是晚上就下雨了。这句谚语也可以理解为白天容易有风，夜晚容易下雨。

白天，在阳光照射下，本地受热，气温升高，但由于受热不均，对流旺盛。由于热胀冷缩，空气膨胀、变轻进而上浮，周围的空气便溜过来"填空儿"，于是空气产生流动，便有了风。傍晚开始，大家都冷却下来，单位体积的空气"包容"水汽的能力下降，湿气便易于凝结，变成云，显得比白天要更低，有点"风吹草动"就可能导致降雨。

英语中有一则谚语：

Clouds fly higher during the day than during the night.

（云在白天比晚上高。）

说的也是通常情况下的这个道理。

一天之中，什么时段更容易下雨呢？粗略而言，是大陆以日雨为主，海洋以夜雨为主。有人专门做过统计，大陆地区一天之中逐小时的降水量分布，12时之后雨量猛增，峰值出现在18时前后。因为由对流发展为降雨，需要一个酝酿过程，所以雨量最多时段并非气温最高时段。午后，尤其是傍晚降水最多，这才会给人留下"关门雨"的印象。

而海洋上，白天气温攀升缓慢，较之陆地，对流发展不够旺盛。但到了夜晚，海水温度降低得很少，大气层结呈现上冷下暖的状态，对流反倒容易发展。海上的降水以午夜至清晨时段最多，午后至傍晚的15～18时最少。可见一天之中的降水分布，存在着显著的海陆差异。

记得有一副对联，描述了"开门风，关门雨"的情境：

"殿开白昼风来扫，门到黄昏云自封"。

热生风，冷生雨诠释的也是这个道理。

本地很热，当周边有冷气团过境，两个气团相遇，冷气团重，暖气团轻，冷气团将暖气团顶托起来，暖气团在抬升过程中，水汽遇冷凝结，于是成云致雨。

盛夏时节，因为地面温度过高，气流上升，浓云布满天空，天气迅速变得阴凉，也会促进降雨的形成。在没有大型天气系统的影响下，清晨的降水，会随着气温的升高而逐渐减弱甚至结束。所以不少国家的天气谚语所描述的，都是此类情况。比如：

英语谚语：

Rain before seven，fine before eleven.（晨雨不过午。）

日语谚语：

朝雨に傘いらず。（清晨下雨，无须带伞。）

德语谚语：

Morgenregen dauert nicht lange.（早晨的雨不会持续很久。）

台南的"井角仔念谣步道",希望以谣谚的数念,在先人曾安身立命的这片土地上怀旧

● 春天孩儿面,一天变三遍

春和秋虽然都是冷暖进退的过渡季节,但春季,在刚刚经历了少降水的冬季之后,日照增多,加热能力更强盛。气温可能迅速形成"虚高"的状况,冷空气很容易乘"虚"而入,故春季气温的波动幅度更大、节奏更快,天气更为多变,所以也有"春风踏脚报"的说法。春天的风,往往说来就来,或许踩一脚,便起风了,又下雨了。春季的晴雨,啼笑无常。春

天孩儿面，一天变三遍，表征的是春天天气的随性与多变。

人们常常羡慕"四季如春"的气候，其温度波动区间比较窄，"寒止于凉，热止于温"。但春天的变化却往往最大，所以才有"春如四季"的说法。

● **南风吹吹，北风追追**

所谓踏脚报，是说如果用人传递消息的方式来告知风向风力的变化，那么人就要不停地跑来跑去、翻来覆去地报告，忙都忙坏了！

"既吹一日南风，必还一日北风，报答也。"

春天，常常是"东风吹到底，西风来还礼"，"南风吹到头，北风来报仇"，无论是以"还礼"还是以"报仇"来形容各种风之间的你来我往，都是非常贴切的。它们之间总有那么多礼可送、那么多仇可报，寻仇之风、送礼之风盛行，立夏之后，这风气可得改改了！

谚语的魅力与亲和力，在于它是从生活的日常抓取的，从身边的现象提炼的。无论是开门关门，还是孩儿面，很容易引起人们的共鸣。科学的传播，也需要"俯下身来"，向谚语学习。从这个意义上说，天气谚语还是有用的。

除了预测和描述之外，天气谚语其实还有超越科学层面的哲学思维，比如：

● **夏虫不可语冰**

德语谚语：

Winter und Sommer haben verschiedene Sinnen:

Der Winter muss verzehren und der Sommer gewinnen.

冬天和夏天有着不同的功能：冬天负责凋萎，夏天负责生产。

不可能每个季节都美丽、繁盛，就如同我们所谓冬严、夏慈的理念。

但这句话在四季常青的热带地区并不适用，可见谚语也是一个地区气候之写照。

天气谚语还有基于天气的延伸应用：

春捂秋冻。

冷不死，热不死，忽冷忽热折腾死。

俄语谚语：

Ветер подует-следы заметет.（风来足迹消。）

别说普通人了，连窃贼都有"偷风不偷月，偷雨不偷雪"的天气延伸应用。

毋庸讳言，有很多古老的天气谚语是有悖于科学的。

社了分，谷米不出村；分了社，谷米如苔鲊。

如果秋社在秋分之前，收成差；秋社在秋分之后，收成好。

这种判据是依照历法，希望超越年度，提前知晓收成。

一些占卜丰歉的谚语，因为有"一锤定音"的结论，简单、"暴力"，仿佛"标题党"的感觉，在其问世之初，往往受到方家的追捧，但也有很多人醒觉地提出质疑：

以此为占验候，殊不知天下水旱丰歉，米麦麻豆贵贱处处不同，且问当以何地取准为是？由此推之，其谬可知矣，占者幸勿拘焉。

所以，第一，谚语从来就是在争论中发展的；第二，谚语一直就是在应用中检验的，大浪淘沙。

而且，它毕竟代表的是人类曾经的探索区间和认知节点。我们不会去嘲讽博物馆里三千年前一件器物的工艺水平。

还有一种情况，就是谚语中确实有很多说辞未必恰当或者原理未必准确。这就如同老奶奶对小娃娃说：不好好吃饭，大灰狼就会来抓你！只是为了求得一个结果而编造的善意谎言。如网络用语所言：认真你就输了！谚语中有很多说法，是希望人们遵从，所以会采用各种心理攻势。

比如吓唬：清明不插柳，死了变黄狗。

相对文雅一点的吓唬：清明不插柳，童颜变皓首。

质问：端午不插艾，作的什么怪？

奖励：又栽树，又种花，年纪活到八十八。

当然，更多的还是平实地阐述因果：吃了立秋的渣，大人孩子不呕也不拉。

旧时曾有"立秋吃渣"（用豆沫和青菜做成的小豆腐）、"立秋吃瓜"的习俗。

立秋的众多习俗，多与防范痢疾、腹泻等秋季常见病相关，体现出人们的前瞻意识。

我觉得三国时期文学家嵇康的一个观点非常好，就是尽量不要"欲据所见，以定古人之所难言"。

这应该是我们看待古人的天气评述方式、生命运化观的一种理性态度。

某些谚语离开某一方水土便"水土不服"，有些谚语仅仅描绘了一种巧合，甚至仅仅是一种猜测和假想。但有相当数量的谚语与现代科学的思维不谋而合。预测类谚语体现的是人们对于天气、气候的认知路径，同时也是古代社会文化本底的一部分。

现在我们已不再像从前那样倚重谚语，但还是要向谚语学习体验，学习传播，细腻体验，灵动传播。以现象窥见规律，以物候推测气象，使花鸟鱼虫皆可为"预报"所用，万事皆有韵律，万物皆被勾连。在人们的眼中，世间的一切都可以成为天气的先兆。风过，必留下痕迹。人们顺应气候，但并不是固守气候规律，而是盯着天气变率做出各种变通，气候规律与天气变化的谚语组合应用，体现着以"滚动订正"的意识、"集合预报"的思维，洞察和适应气象的智慧。所以，我们无须苛责古人特定的某一条谚语存在局限，因为自古以来极少有人在占卜天气时只靠一则谚语"单打独斗"。

天气谚语中，确实有一些是"可视化"的，人们拿来可以 DIY 预报"小妙方"。

看云，也是一门"手艺"：

鱼鳞天，不雨风也颠。

这里所说的"鱼鳞天"，是指卷积云，逐渐遍及天空。

英语中也有天气谚语这样说：

Mackerel sky and mare's tails make tall ships carry low sails.

若是天边出现似鱼鳞状的卷积云，在海上的大船也要低帆航行，以应对即将到来的狂风。

卷积云，属于高云，一般在 6000 米以上，这种云细小如鱼鳞，整齐排列在天空。如果没有强烈的辐合作用，是不会有那么多水汽输送到那么高的层级的。

之所以云能呈现细碎的鳞状，说明高空不稳定，存在扰动，甚至气流是波状的，随意颠簸。而通过动量下传，这种不稳定，会逐步波及低层大

本书中的云图片，均由视觉中国提供

气，自上而下，大气趋于混乱和动荡，预示本地天气将转坏。

但是，鱼鳞状云可能预兆截然不同的天气，这要看是什么鱼的鳞。

还有一句听起来截然相反的天气谚语：

天上鱼鳞斑，晒谷不用翻。

此处的"鱼鳞斑"，是一块块明亮洁白的云整齐排列在天空，云隙之间可见蓝天，状如鲤鱼鳞片或瓦片。这种云是稳定层之下，由于局部波动、对流、扰动而产生的，一般不易发展，云会慢慢消散。同时说明本地在高气压控制之下，天气晴朗。

区别在于：

如果鱼鳞很小，是指卷积云，有点羊毛质地，鳞细，俗称鲭鱼鳞，预兆风雨。

如果鱼鳞很大，是指透光高积云，比卷积云要低，属于中云，一般在

三四千米高。有点瓦片样态，鳞粗，俗称鲤鱼鳞，还被称为"老鲤"。所以，也有"瓦块云，晒煞人""老鲤斑云障，晒杀老和尚"的说法。

而且往往到了夜间，在下沉气流中，云会陆续消减，预兆晴天。

在比较寒冷的傍晚，如果有这种鲤鱼鳞般的片状云增多或加厚，被称为"护霜天"，能够减少夜间的辐射降温。谚语说："识每护霜天，不识每着子一夜眠。"懂的，知道是护霜天，不懂的，以为要下雨，睡都睡不好。

另外，还要看卷积云的浓淡变化，因为卷层云在消散过程中，也可能暂时"蜕变"为卷积云。如果这些"鱼鳞"越来越薄、越来越淡，反而预兆着天气晴朗。

您看，观云辨天，是不是还得多吃鱼呢？

显然，古人观云辨天的经验非常丰富和细腻。但这种预判 24 小时内降水的直观方法，现在或许已经被查阅手机 App（应用程序）的方式取代，如今已经有了小时级甚至分钟级的降水预报。况且，我们几乎没了抬头看云的兴致。

我们时常羡慕古人，时间过得好慢，一生只够爱一个人，日子过得好悠闲，可以"抱琴看鹤去，枕石待云归"。但或许古人也会羡慕我们，羡慕现代科学造就的诸多神奇。

第二章

揣摩天的规律

古老的天气谚语

看天，似乎是所有动物的本能。而揣摩天的规律，却是人超越本能的传习。在蒙昧的远古时代，如果谁能够准确解读天象、预知天气，或许就会被视为通灵之人。

人们越是畏惧天，也就越想参透它的性情。无论是巫师还是农人，史官还是哲人，都会以自己的方式审视天气与气候。

气象专著，是很晚才出现的，最初的各种气象见解散布于并非着眼于气象的典籍之中。而其中有很多，以其词句的格式和韵律，便已是天气谚语的模样。

- **飘风不终朝，骤雨不终日**
  凶猛的风不会刮一上午，急促的雨不会下一整天。

民间的说法是：

蒙生雨，不住滴。（蒙生雨，即毛毛雨。）

白溅雨，时间短；毛毛雨，紧倒绵。

在英语天气谚语中也有类似的说法：

Rain before seven，fine before eleven.（晨雨不过午。）

The sudden storm lasts not three hours.（突如其来的风暴持续不了三个小时。体现了一种明确的量化习惯。）

其中道理在于天气的"变态"往往是短暂的，清静则是"常态"，也更容易持久。当然，它可以被视为一个比方。实际的"暴力"天气的持续时间或许不能以"朝"和"日"来精准地界定，比如一个台风，若在一个区域滞留，狂风暴雨便可能不止一朝一日。

这句文字优雅的谚语，实际上出自"豪门"。它语出老子。原文是："飘风不终朝，骤雨不终日。孰为此者？天地。天地尚不能久，而况于人乎？"

其本意并非写就一则天气谚语，只是以天气"起兴"。您看，这些剧烈的天气都不能持久。是谁造成这些天气的呢？当然是天地呀！天地尚且不能长久地维持这种剧烈的状态，更何况人呢？

在这段论述中，天气并非落脚点，只是"佐料"而已。但这份馥郁的"佐料"最终变成了古老的天气谚语。的确，疾风骤雨更具有爆发力，和风细雨更具有耐久力。能量释放节奏的快与慢，决定着它可能持续的时间。哲人的心念不止于天气，希望人能够从天气规律中得到启迪。我们可以像仿生一样"仿天"，顺应自然法则。不动急火，不使蛮力，以平和求得持久。

然而，随着气候变化，雨量很大的降水（所谓豪雨）和雨强很大的降水（骤雨），其发生概率越来越高，持续能力也在增强，似乎已经在挑战"骤雨不终日"这则哲理的天气真实性。

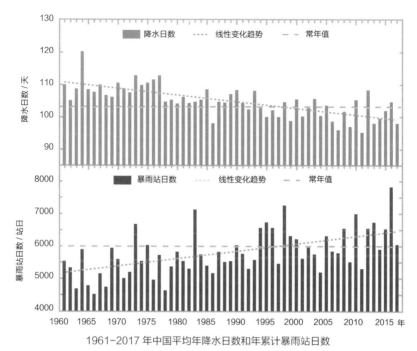

1961-2017 年中国平均年降水日数和年累计暴雨站日数

资料来源：《2018 年中国气候变化蓝皮书》

对中国半个多世纪降雨状况的统计分析表明：雨日在减少，小雨日数减少了 13%，而暴雨日数却增加了 10%。

雨，要么就不下，一下就很大！就像一个人，要么不说话，一说就吵架！

英语中的一则天气谚语，似乎就在概括这一现象：It never rains but it pours。

如果以社会视角，可将其译为：不鸣则已，一鸣惊人。如果以天气视角，可将其译为：不雨则已，一雨倾盆。

气候变化，使原本的小概率事件越来越大概率地发生。所谓"百年不遇"的事情，我们时常不期而遇。感觉天气、气候越来越"奥林匹克"了——更高、更快、更强。飘风终朝、骤雨终日的风险也在默默提高。

● **托地而游宇，友风而子雨。**

这句话语出荀子，是对云的描述。《荀子》中有："冬日作寒，夏日作暑，广大精神，清归之云。"在荀子的眼中，世上最具"广大精神"的，便是云。低可近人，高可及天。风是它的朋友，雨是它的孩子。它的近与远、舒与卷、浓与淡、聚与散，是岁月最灵动的写照。

人们很早便意识到，云的生消和去留需要风的相助之力，风起云涌；雨水能够降临，需要云的孕育之功，云腾致雨。荀子刻画的虽是一种精神，但也顺便以谚语体揭示了天气现象的原理，并且这句话被后人浓缩成了一个成语：友风子雨。

● **风不鸣条，雨不破块。**

一则源于汉代成语"五风十雨"的谚语，表达的是人们对于气候的一份期望。太平盛世，五风十雨。五天刮一场风，十天下一场雨。《尸子》："神农之理，天下欲雨则雨。五日为行雨，旬日为谷雨，旬五日为时雨。正四时之制，万物咸利，故曰神雨。"

理想中的五风十雨

而且要什么样的风呢？风不鸣条，风不能吹响树枝；什么样的雨呢？雨不破块，雨不能冲破田块。

有雷可以，但别吓人；有电可以，但别刺眼；有雾可以，但别屏蔽视野；有雪可以，但别压坏树枝。董仲舒（西汉）提出的这些要求，是不是对老天爷太苛刻了?! 连东汉的王充都看不过去了："风雨虽适，不能五日、十日正如其数。"天气岂能丁是丁、卯是卯地如我所愿呢?!

● **云平，而雨不甚；无委云，雨则遬已。**

云如果看起来很平坦，则雨不会很猛。没有积聚的云，雨很快就停了。这句话语出管子。管子不仅深谙"仓廪实则知礼节，衣食足则知荣辱"，更擅长借助气象道理阐释自己的政论，因为气象最具象，最易于凝聚共识。

比如他论述教化，要"标然若秋云之远""蔼然若夏云之静"。比如他论述赏罚，说"大寒、大暑、大风、大雨，其至不时者，此谓四刑"。寒暑风雨，虽是四种正常的天气，但如果不是按照正常的气候出现，便是四种刑罚。可见诸子中的很多人，可以信手抓取气象道理作为自己的论据。而借由天气阐释人间哲理或治政理念的这些论据，无意中也成了天气谚语最初的来源之一。

● **雨晴鸠唤妇。**

《尔雅》记载：鸠天阴则逐其妇，晴则唤之。

雄斑鸠在天阴将雨时将身边的雌斑鸠赶走，天将晴时再大声呼唤回来。

现存古籍中，专门为预测气象而量身定做的谚语，最早是"批量"地出现在东汉的《农家谚》之中。

根据云的颜色：

日没胭脂红，无雨也有风。

根据星辰：

干星照湿地，明日依旧雨。

根据天气出现的次序：

未雨先雷，船去步归。

根据动物行为：

鸦浴风，鹊浴雨。

而且那时对梅雨已经有了比较细腻的观察：

黄梅寒，井底干。

雨打梅头，无水饮牛。

黄梅雨未过，冬青花未破。

根据天干地支：

春甲子雨，乘船入市；夏甲子雨，赤地千里；秋甲子雨，禾头生耳；
冬甲子雨，雨雪飞千里。

上火不落，下火滴沰。（丙日不雨，则丁日必雨。）

根据风向（云行方向）：

舶棹风云起，旱魃深欢喜。

云行东，车马通；云行西，马溅泥；云行南，水涨潭；云行北，好
晒麦。

作为占晴雨的经验，类似的谚语很多，比如：

云向东，雨无踪；云向西，水没犁；云向南，水潺潺；云向北，一阵黑（或作：雨便足）。

北宋孔平仲在其《谈苑》中记载：

京东有一讲僧云："云向南，雨潭潭；云向北，老鹳寻河哭；云向西，雨没犁；云向东，尘埃没老翁。"言云向南与西行则有雨，向北与东行，则无雨。"

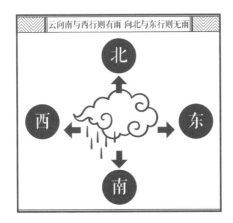

这里所说的云，不是天上流动的高云，而是气旋所带来的沉沉低云，大多在 1000 米以下。气旋逆时针旋转，外围气流辐合，内部气流抬升。也就是说，气旋周边地区的风是向着气旋吹的，气旋内部的风是向上吹的。在西风带，高空气流基本上是自西向东移动，对地面气旋的走向起到引导的作用。当气旋自西向东移动时，如果本地低空吹西风（云行东），说明本地处于气旋后部，即将摆脱其影响，转晴；吹东风（云行西），说明本地处于气旋前方，影响即将开始，转雨。如果本地吹北风（云行南），北侧的干冷气团介入。虽然干，但是温度低，南下之后，底层变暖，但上层依然冷，上冷下暖、上中下轻的不稳定层结，很容易激发强盛的对流。所以"云行南"往往比"云行西"的降水更猛烈，北风的"水涨潭"比东风的"马溅泥"要更严重。可见，谚语中的示意性描述，具体用词读起来还是很考究的。

如果是吹南风（云行北）呢？说明本地在气旋的南部，这里常常是暖湿气流盛行，层结稳定，很难出现强烈的气流抬升，所以降水的概率比较低。即使原来下雨，但很快也会过去（雨便足）；即使有云，发展也并不旺盛，哪怕是黑一阵儿，也就过去了。

可见古人很早以前就注重把握风向，一个时节盛行风向的变化，季节转换；一天之中风向的不同，晴雨各异。

英语中的一些天气谚语，也体现着人们对于风向与晴雨之间的判断：
When the wind is in the west, the weather is always best.
When the wind is in the south, the rain is in its mouth.

我很喜欢这两则颇具韵律感的谚语。说如果刮西风，天气晴朗；如果刮南风，仿佛风的嘴里含着雨。当然，由于地域气候的差别，这一类谚语是无法作为通行规则进行套用的。

唐代黄子发的《相雨书》中天气谚语更多，判据的种类也更加丰富。

此书专注于降水预测，分为九个类别。有候气、观云、察日月星宿、合风详声、相草木鱼虫玉石。为了推测降水，需要各种凝视和倾听。不仅推测降水的有无，还要推测降水的起止（推时、候雨止天晴）。

日出红云，申刻有雨。

日出而雨，日入而息。

日出无云，有大风；日出即烜，有细雨。

春日寒者，有久雨。

黑如覆船者（积雨云），皆雨。

犬猫食草，次日雨又晴。

凡夏旱，甲子日雨，秋旱四十日；秋甲子雨，冬旱六十日；冬甲子雨，春旱四十日；春甲子雨，夏旱六十日。

讯头风不长，过后风雨愈毒也。

视蚁登壁者，将雨之候也。

蜻蜓高，谷子焦；蜻蜓低，一坝泥。

楼梯天，晒破天。

凡候雨以晦朔弦望，云汉四塞者，皆当雨。

凡秋冬以东风、南风有雨，春夏以西风、北风有雨。

这些谚语中既有直接的判据，也有通用的方法论。

- **凡秋冬以东风、南风有雨，春夏以西风、北风有雨。**

  这句谚语的现代版本是：春南夏北，有风便雨。

  当冷气团是本地的"驻守者"时，如果刮南风，说明暖气团在"北伐"，冷暖气团的会战在所难免。暖气团沿着冷气团被迫抬升，水汽凝结而形成降水。一旦冷暖气团实力相近，往往形成比较持久的拉锯战，战略相持，便很可能造成连续性降水。

  而当暖气团是"驻守者"时，如果刮北风，说明不甘寂寞的冷气团前来

"骚扰"。夏季天气湿热，能量足，水汽丰沛，冷暖气团一碰面就可能诱发激烈的雷雨。所以冬南风、夏北风，是不同属性气团之间战斗的"消息树"。

季风气候，风为先导，古人很注重不同季节中的"风信"，风向候雨。如果出现与该时节盛行风向相异的风，说明有属性不同的外来气流出现，形成气流的汇聚和交锋，便很容易造成降水。

所谓春南夏北，就是刮了不正常的风而已。因此，"春南夏北，有风便雨"并不绝对，应因地因时而异，比如在南风本是盛行风的南方春季，便是相反的情景。

凡清明以后，地气自南向北，则以南风为常；霜降以后，地气自北向南，则以北风为常。

台湾的一则谚语说：春南夏北，无水通磨墨。

春季如果刮南风，立夏之后刮北风，就会非常干旱，连磨墨的水都没有。

反之，春天云行南，雨水积成潭。春天本是暖气团发力之际，如果冷气团反扑，两强相遇，必将阴雨盛行。另一则谚语说：春寒雨若溅。意为春季如果气温偏低，就会多雨，而且雨水往往下得很急，像水龙头一样喷溅。

总体而言，与北风相比，还是温暖湿润的南风更容易带来降雨，所以人们这样赞颂南风（先秦时期《南风歌》）：

南风之熏兮，

可以解吾民之愠兮；

南风之时兮，

可以阜吾民之财兮。

在人们眼中，南风能够来，可

靠天吃饭 主要是靠夏天吃饭

以解忧；能够按时来，可以生财。

据史料记载，清代皇帝日常根据活动内容及时间来选择不同形制、不同颜色的朝服。皇帝在大朝时着明黄色朝服；南郊祈谷、常雩时着蓝色朝服；东郊朝日时着红色朝服；夕月则着月白色朝服。

祈谷（祈求五谷丰登）、常雩（常规的祈祷降雨的仪式）时，皇帝是穿着专门颜色（象征雨水颜色）的朝服到南郊。这也可以看出当时人们对于南风的重视。

但实际上，降水是冷暖的交锋，是两种风的相互作用，不能只看到一方的功劳，而忽视另一方的默默奉献。降水，一个巴掌拍不响。这出好戏，是对手戏。

英语中有这样一则谚语：

The north wind is best for sowing，the south for rafting.

（北风好耕种，南风好行船。）

但一种风向，在不同的区域，在不同的季节，会带来不同的晴雨效果。不能超越时空限定而笼统地将南风、北风的"功效"脸谱化。但总的来说，在人们的印象当中，南风容易致雨，北风容易致晴。所以说：三个南风有一怪（雨），三个北风有一晒（晴）。

《相雨书》中有169条推测降水的"预报"依据，其中观云的有52条，占30%，为第一大类。

可见直到唐代，观云依然是人们辨天智识中最丰富的一类。毕竟，'"云是天气的招牌"。

- **山云草莽，水云鱼鳞，旱云烟火，雨云水波。**

春秋战国时，有这样的说法："韩云如布，赵云如牛，楚云如日，宋云如车。"对于云的划分还比较脸谱化。但《吕氏春秋》中已有了更为细腻的划分："山云草莽，水云鱼鳞，旱云烟火，雨云水波。"

这种分类虽然古老，但已十分接近现代的云类划分。

现代的云类命名，是来自一位气象爱好者，英国人卢克·霍华德。他本是一位制药者，但对云非常痴迷，致力于云类划分，最终成为"云类划分之父"。

关于风力级别划分，唐代的李淳风所提出的标准是动叶、鸣条、摇枝、堕叶、折枝、飞沙走石、拔根等，衡量风，是依照物象，不是根据数据。目前通用的风力等级，是英国人蒲福所制定的。他本是海员出身，对风感兴趣，最终成为"风力级别之父"。

所谓山云草莽，是指山地的积云或积雨云。

所谓水云鱼鳞，是指暖锋前的卷积云。

所谓旱云烟火，是指纤细的卷云，有着烟的纹理。

所谓雨云水波，是指层云或层积云。

这两个事例，说明业余爱好者完全可以修成正果，同时也说明气象科学从来都是开放的，没有业余与专业之间的围墙。

在欧洲，也有很多看云的古谚语，比如：布满小球状的云朵或者如少女涂脂抹粉的天空，都是不能令人信任的。

从前，人们在无法借由仪器观测和数据分析的年代，"看云识天气"，是人们对天气"望闻问切"的最常规方式。然而现代人预知未来的能力增强了，感触此刻的意识却淡薄了。我们看的，往往是屏幕里的"云图"，而不是天空中的云状，疏远了上苍在我们头顶"现场直播"的各种生动与曼妙。

在最资深的天气谚语中，最优美的"批量"谚语来自《诗经》。此中的天气谚语，也是先秦时代风雅的一部分。

● **朝隮于西，崇朝其雨。**

早晨西边天上有彩虹，中午之前就会下雨。

现代的版本是：东虹日头西虹雨。

所谓虹，是阳光经过空中飘浮的小水滴的反射和折射而形成的美丽光环。

彩虹出现的方位，与太阳的位置相关。所以东虹便是暮虹，西虹便是朝虹。

西虹说明本地的西方有大量水汽聚集，并很可能随着天气系统移动至本地，从而形成降水。如果是东虹，说明本地的东侧水汽比较充沛，但西风带的天气系统一般都是自西向东移动，这些水汽虽然可观，但毕竟渐行渐远。在下一轮降水系统影响之前，本地可以呈现晴朗状态。

类似谚语还有：

有虹在东，有雨落空；有虹在西，人披蓑衣。

"东虹隆隆西虹雨"，这句和上面略微有些差异，但其中的"东虹隆隆"只是描述逐渐远去的雷雨而已。

英语中的一则谚语不是以东和西，而是以上风、下风来描述的：

Rainbow to windward foul fall the day, rainbow to leeward, rain runs away.（如果彩虹出现在上风方向，风雨将至；如果彩虹出现在下风方向，降水渐止。）

另一则谚语是以时段界定的：

Rainbow in the morning gives you fair warning.（晨虹天气好。）

曾经有一句很励志的句子："不经历风雨，怎么见彩虹？"其实彩虹只是一种幻象，是可遇而不可求的一种奇观而已。与水汽条件相关，也与太阳位置相关，本地经历了风雨，也未必呈现彩虹。本地没有经历风雨，也可能见到他处雨后在本地映射出的彩虹。

古人之所以非常在意彩虹，一方面是因为它是美丽的异象，以为祥瑞或者灾象。

《淮南子》中说："虹霓者，天之忌也……虹霓不出，贼星不行。"

但也有人认为"夫虹霓，天使也。降于邪则为沴，降于正则为祥"。大家的观点很不统一。

另一方面是因为彩虹的出现与天气变化存在关联。所以很多天气占卜的古籍中都有"虹霓占"这个专门的项目。

上天同云，雨雪雰雰。

冬季天空铺展着浓密的层云，就要开始下大雪。

这句话出自《诗经》。"同云"有时也作"彤云"，这里是指颜色相同的云遮蔽天空，大多是雨层云。

遮天蔽日雨层云

人们很早便注意到"同云酿雪"。宋代词人周邦彦在描述雪景时写道："同云密布，撒梨花，柳絮飞舞。"

《水浒传》中，"林教头风雪山神庙"那一回，开场便写道："正是严冬天气，彤云密布，朔风渐起；却早纷纷扬扬，卷下一天大雪来。"吃完晚饭之后，林冲"便出篱笆门仍旧迎着朔风回来……看那雪到晚越下得紧了"。

所谓雨层云，大多呈暗灰色。基本上是暖湿气流顺着冷气团这个"底座"逐渐爬升、冷却所形成的。云顶可以很高，可达五六千米，但因为整层云的严密遮盖，我们难以目视。云底看起来很低，往往在两千米以下。这种云，所形成的降水一般都比较温和，但水汽充沛，耐力十足。如果说起伏如峰峦的积雨云所造成的降水是短跑健将，那么雨层云所造成的降水便是长跑明星。

谚语说：天上灰布悬，雨丝定连绵。云如布，雨如帘，慢慢腾腾下不完。

其实早在甲骨文的一些天气记录中，人们便非常留意云是从哪儿来的，呈现什么颜色。

比如：各云（客云），从外地来此做客的云；嗇云，即颜色鲜艳的云。

人们对云进行不同方式的渐趋细化的分类，以期有助于推测天气。"上天同云，雨雪雰雰"，或许是看云识天气的最早的"研究成果"之一吧。

习习谷风，以阴以雨。

持续的东风，容易带来阴雨天气。这与谚语东风急，穿斗笠异曲同工。

如彼雨雪，先集维霰。

下雪，往往先下的是霰。霰，质地松脆，又称米雪、雪丸或软雹子。

月离于毕，俾滂沱矣。

月亮靠近毕宿星座的位置时，可能大雨倾盆。通过观察月亮与星座的位置，预测风雨。

孔子就曾根据这则谚语进行预测：

孔子出门前让子路带上雨具，子路问为什么，孔子答：昨天傍晚月离于毕。然后真的下雨了。过了几天，月复离于毕，孔子出门却没带雨具，结果没有雨。子路不解：都是月离于毕，为什么一晴一雨呢？孔了答：之前是"月离其阴",所以下雨;这次是"月离其阳",所以不下雨。

显然,孔子对"月离于毕"这则判据还进行了优化。

还有一则古老的谚语与孔子有关:天将大雨,商羊鼓舞。

齐国有一种鸟,在宫殿前欢快地单腿蹦跳。齐侯不解,便差人去问孔子。孔子说这种鸟叫商羊,它这样蹦跳,说明即将暴雨倾盆。之后的天气果然应验。后来,"商羊鼓舞"的动作,还演化成了祭祀求雨的一种舞蹈。

天将阴雨,鹳鸣于垤。

要下雨时,"穴居者知雨",所以蚂蚁出穴,鹳就在蚁穴处守候,并欢快地鸣唱。"歌词"大意可能是:哈哈,终于可以美餐一顿啦!

在人看来,预报指征是鹳,而真正的幕后"预报员"是蚂蚁。

顾炎武在其《日知录》中说道:

三代以上,人人皆知天文。"七月流火",农夫之辞也;"三星在天",妇人之语也;"月离于毕",戍卒之作也;"龙尾伏辰",儿童之谣也。后世文人学士,有问之而茫然不知者矣。

当然,那时的所谓天文,相当于现代天文和气象的合称。那时没有那么多职业细分,没有那么多专业界限,不像现代"隔行如隔山",隔得千沟万壑。田亩垄中,遍咏谣谚。谚语曾经风靡于民间。每个人都有自己的气象见解,其中的一部分成为谚语口口相传。我猜想,天气谚语或许也曾经是人际交往的一种别样的礼物。

在《诗经》中,除了直接描述天气现象及其规律的诗句之外,还有一些是基于气候的节令。

我将《诗经·七月》的诗句进行表格式的解构。如果我们只来说风物，不去解风情，那么《诗经·七月》是一部极好的农家月历。虽然并非全景式的记载，有些片段化，但它仍不失为先秦时期最细致的农家节令生活写真。

在古老的时代，农人、哲人、诗人都曾经是谚语的"写手"，这使得本为科学属性的气象观察一直深得文化的滋养。在我看来，古老的天气谚语体现了两种集成：一是汇聚了"别人"（其他生物）的智慧，二是吸纳了文化的营养。

我喜欢这样的观点：没有科学支撑的文化失于虚空，没有文化修持的科学难以圆融。古人创造的天气谚语，当然是基于"有用"的目的，但人们并没有将"有用"止于深奥或流于粗鄙。有用，从有趣开始。套用管子的比喻，古老的天气谚语，使那些远如秋云之物，近若夏云。

《诗经·七月》中的节令											
一月	二月	三月	四月	五月	六月	七月	八月	九月	十月	十一月	十二月
天气						暑气消退		降霜		朔风吼叫	寒气袭人
物候		黄鹂鸣唱	远志结籽	知了、蚱蜢叫	纺织娘振翅	伯劳鸟叫			树叶飘落		
		蟋蟀				在田野	在屋宇	在门口	在床下		
农事 犁地	耕种	采桑修剪					秋收	拾秋麻修筑谷场	庄稼入仓、清理谷场		
家事		祭祖					织麻	授衣砍柴	酿酒修缮房屋封闭门窗	割茅搓绳	凿冰室

《诗经·七月》中的节令											
一月	二月	三月	四月	五月	六月	七月	八月	九月	十月	十一月	十二月
时鲜						李子葡萄	煮葵、煮豆、吃瓜	剥枣摘葫芦	苦菜			
其他事项										灭鼠徭役	狩猎	

所以重温那些天气谚语，不是因为它们的科学高度，而是因为它们的文化温度。

于是，感恩。

第 三 章

源于乡野，出自体验

天气谚语的表达手法

天气谚语多到数以万计。但句式不同，措辞相异，语义却相近的谚语很多，即重复率较高。

一种是不同源，是不约而同，是英雄所见略同。另一种是同源，是在抄录或转述的过程中形成了差异。

天气谚语的来源，一种是雅言，是由"子曰""诗云"演化而成。一种是俚语，产自民间，在流传过程中被收录到谚语典籍之中。甚至很多"野生的"谚语，一直未入编纂者的"法眼"，只是以"老话儿"的身份活在乡野之间。

天气谚语有些是言辞既经过了"土人"的锤炼，也经过了"士人"的修饰。有的是可信度经过了"有验""屡验""甚验""颇准"之类的实战检验；有的只是以"旧说""俗传"被记载而已。就像现代的很多导游，解说词常常以"据传说"作为故事的开端，而导游并不能为故事的真实性背书；有的近乎玄学，或许只是巫师、方士们预示吉凶的谶纬之语。一些占卜判据，晦涩难解，或许也无须解。浓厚的神秘色彩，无关雅俗。

很多谚语典籍，在介绍某一谚语的来历时，往往会用到旧俗、俚俗、乡俗、土俗，或者俗信、俗传、俗称之类的语汇，总是离不开一个"俗"字。这个字也基本代表了天气谚语的文化属性。在乡土植根，在乡土结实。

谚语的产生，自然是为了拿来用的，不是拿来欣赏的，所以它不能曲高和寡，要易于会意，便于传习，长于实战。

天气谚语是全民参与的。虽然高居庙堂之人和远在江湖之人有着不同的所思所虑，但大家几乎都有揣摩天气气候的兴致。因为所有人都生活在气候的定数和天气的变数之中。

庄子发问：云者为雨乎，雨者为云乎？

朱子总结：虹本是薄雨为日所照成影。

王充梳理雨兆：天且雨，蝼蚁徙，蚯蚓出，琴弦缓，痼疾发。

宋高宗描述物候：燕子初归风不定，桃花欲动雨频来。

不同的创制者，不同的视角，不同的文化审美，使天气谚语的表达有了雅与俗并存、士与民各赏的多元化。

在品读谚语的过程中，渐渐感觉描述相同或相近事项的诸多谚语雅俗殊异。有的雅如诗词，有的俗如白话。但辞章有辞章之美，俚曲有俚曲之妙。我觉得天气谚语在流传和积淀的过程中，最值得称道之处，便是海纳百川，英雄不问出处。

天气谚语，源于乡野，出自体验，在乎应验。天气谚语的功能，在于记忆、传播和应用，而不是工于辞藻，胜在雅致。

同样描述"晕"的谚语：

日晕三更雨，月晕午时风。

这则显然经过了文人的雕琢，既有对仗，又有互文，并有音律之美。

月生鸡眼天气变。

这则谚语显然还保持着自民间时的原生态。

同样是描述"雾"的谚语：

春雾日头夏雾雨，秋雾凉风冬雾雪。

春雾曝死鬼，夏雾做大水。

这两则谚语的语句都比较工整，但"曝死鬼"显然是难入文人法眼的，官家所修的民谚书籍之中，第一条的入选率明显高于第二条。

同样是期待立夏时节出现雷雨，

有的谚语是这样的：立夏雷雨阵，风调也雨顺。

有的谚语是这样的：巴望雷公打老婆，雷婆撒尿雨滂沱。

同样是描述风是雨的先导这一原理和先风后雨这一现象，

诗中这样说：山雨欲来风满楼。

有的谚语是这样的：天气要变，风向先换。

而有的谚语是这样的：屁是屎头，风是雨头。

上面这则谚语实在太俗了，本不想收录，但在沟通的过程中，深感其流传之广，不该鄙夷之。刮风是下雨的前兆，但并不尽然。俗话说"春报头，冬报尾"，是说春天先刮风后下雨，冬天是先降水后刮风。所以"风是雨头"之说主要适用于春夏。当然，刮了风也未必会下雨，要不怎么会有"你怎么听风就是雨呢"这句说辞。

下面这两组谚语，无关雅俗，但看到同样的天气现象，人们的描述方式透露着不同的心态：

天上乱交云，地上雨倾盆。

云结亲，雨更猛。

南风刮到底，北风来还礼。
南风刮到头，北风来寻仇。

同样是描述云之间的碰撞，有人觉得是"乱交"，有人觉得是"结亲"；同样是刻画暖气团与冷气团的交替影响，有人认为是"寻仇"，有人认为是"还礼"。

有些谚语描述天气气候的过程中夹带了对于某些人或某些事的倾向性甚至敌意：

例如在欧洲一些国家将深秋时节的和暖天气，称为"老处女的夏天"。

例如：春风后母面；例如：三九冰，寡妇心；例如：五九四十五，乞丐当街舞；例如：九九八十一，穷汉顺墙立……

谚语不必刻意追求词句之华丽，但需要减少狭隘、鄙夷甚至歧视，避免人们阅读时可能产生的不适和不快，也算是俗中求雅吧。

很多谚语，无论是气象类还是非气象类，其平实而形象的描述，往往胜过诗词之美，且不说我们的谚语，列举一些国外的谚语吧。

俄国谚语：
人愿意上天堂是因为那里天气好。

英国谚语：
每朵乌云都有银边。

越南谚语：

女人的命运就像水点，一些落在宫殿上，另一些则落在了稻田里。

阿根廷谚语：

天上在下汤，我手里却只有一把叉子。

埃及谚语：

世上只有两种动物能够到达金字塔的顶端，一种是雄鹰，另一种是蜗牛。

瑞典谚语：

没有不好的天气，只有不合适的衣服。

阿尔巴尼亚谚语：

阳光照不到的地方，医生需要常去。

再品味一组英语谚语：

以度量衡作比喻：

In for a penny, in for a pound.

（一不做，二不休。）

Penny wise and pound foolish.

（小事聪明，大事糊涂。）

Give him an inch and he'll take an ell. （得寸进尺。）

以狗作比喻：

Let the sleeping dogs lie.（让睡觉的狗躺着。比喻不要惹是生非。）

Every dog has his day.（每只狗都有它的好时光。比喻人人皆可能有得意之时。）

Love me，love my dog.（爱我，也爱我的狗。）

比喻爱屋及乌。

在我们的语境中，还有狗腿子、狗拿耗子、狗眼看人低、好狗不挡路、狼心狗肺等以狗作比喻的贬义词句，尽管现在很多狗已经成为可爱的陪伴类宠物。各种动物在各国谚语中都有着特定的文化属性。一句 All your swans are geese（希望成泡影），我们一看便可会意——鹅是凡物，而天鹅是尤物。

以鱼作比喻：

All is fish that comes to his net.（入网的都是鱼。）

比喻来者不拒，含有贬义。

The best fish swim near the bottom.（好鱼居水底。）

比喻有价值之物不容易获得。

Never offer to teach fish to swim.（莫教鱼游泳。）

比喻不要班门弄斧。

Neither fish nor flesh.（形容不伦不类。）

鱼在谚语中的广泛运用，或许是海岛国家的风物使然。

谚语中各种类比的对象仿佛是生活的缩影，这也是研究谚语过程中趣味的一部分，以一组法语谚语为例：

Appeler un chat un chat.（把猫叫作猫）。

意思是有什么说什么，我们文化中的类似说法是：直肠子。

Chat é chaude craint l'eau froide.（被热水烫过的猫连冷水都怕。）

意思是"一朝被蛇咬，十年怕井绳"。

Quel temps de chien !（真是狗天气！）

形容晴雨不定、冷暖无常的天气。

Il y a loin de la coupe aux lèvres.（酒杯离嘴唇远着呢。）

相当于我们的"八字还没一撇呢"。

Je devrais jouer au loto en ce mement, j'ai la cerise.（我有樱桃。）

"樱桃好吃树难栽"，我有樱桃，说明我很幸运。

bête comme chou.（傻得像卷心菜。比喻非常容易做或理解。）

小时候我们将"傻狍子"作为傻的极致，因为狍子极容易被捕获。而在北欧，人们将最易钓、捞的鳕鱼作为"傻"的代名词。

Ce n'est pas tes oignons.（这不是你的洋葱。）

意思是这不关你的事。我们往往是用"狗拿耗子"来表达类似的意思。

弗朗西斯·培根说：The genius, wisdom and spirit of a nation are disco-vered in its proverbs. 谚语可以反映出一个民族的天赋、智慧和精神。

谚语最初或许是个人的机智，但最终成为众人的睿智，成为文化的缩影。

在品读谚语的过程中，我们可以感受到"和而不同"的文化风采，感受到谚语所蕴含的传统、习俗、价值观以及语言美学。

虽然与诗相比，谚语更追求朴素、直白，但还是有很多工整如诗的谚语，例如：

八月十五云遮月，正月十五雪打灯。

冷雨灌，晴暖排。

雨打一大片，雹打一条线。

冰消河北岸，花发树南枝。

久晴星密雨，久雨星密晴。

早禾怕北风，晚禾怕雷公。

槐管来年夏，杏管当年秋。

斜风雨过得快，无风雨下得长。

一场秋雨一场寒，十场秋雨就穿棉。

七阴八下九不晴，单等初十放光明。

三月还有桃花雪，四月还有李子霜。

天旱吃梨，雨涝吃鱼。

且不论具体的准确性，这种谚语朗朗上口，富有韵律感，记起来容易，用起来简便，还不大会有歧义和误解。

品读国外的天气谚语，同样能够时常感受到语句中的韵脚和韵味。

Clear moon, frost soon.（月明有霜。）

When the stars begin to huddle，the earth will soon become a puddle.

（满天繁星，地上泥泞。类似我们的谚语：明星照烂地，明朝依旧雨。）

A ring around the sun or moon means rain or snow coming soon.

（出现日晕或月晕，乃雨雪之兆。）

类似于我们的谚语：日晕三更雨，月晕午时风，但并不强调所谓"日晕主雨，月晕主风"。

If birds fly low，then rain we shall know.（鸟飞低，要下雨。）

谚语用"we shall know"（我们应该知道）来表明这种现象，是常识级的——不用再问，不必再争论。这是谚语中的一种"笔法"。我们的谚语中也有很多相似的句式：

顶风上云，不用问神。

霜打晴天，不用问神仙。

山顶戴了帽，有雨不用报。

春秋东南风，不用问太公。

还有一些谚语，比较俏皮，有余味，像唠家常一样有亲和力。

描述旱涝急转：

睡了一觉，由旱转涝。

描述干旱：

It hasn't rained in so long, we've got catfish in the creek that are 3 years old and can't swim yet.

（鲇鱼三岁了，还没学会游泳。）

描述春雨过后，地皮很快就干：

春天勒马等雨干。

描述盛夏北风致雨的：

六月刮北风，坐在楼上钓虾公。

描述天下雨与人出汗之相似：

When the night goes to bed with a fever, it will awake with a wet head.

（夜晚热，早上雨。直译：晚上如果发着烧上床，早上起来头是湿的。）

我觉得这种风格的谚语很风趣，不矫情，很有读者缘儿，虽然不直白，但也不刻板，就像是邻家的谚语。

谚语可以是这样的：春寒多雨水。

春季气温偏低容易涝，气温偏高容易旱。

但也可以是这样的：南风送九九，干死荷花气死藕；北风送九九，船儿停在大门口。

谚语可以是这样的：伏里的雨，缸里的米。

小暑雨如银，大暑雨如金。

伏雨如金，因为缺少雨水就会迅速导致伏旱。

但也可以是这样的：一伏三场雨，强过秀才中了举。

还有一则语气夸张的谚语：夏末秋初一剂雨，赛过唐朝一囤珠。

因为这则谚语是在元代之后逐渐流行，所以拿唐代的一囤珠作类比。如果现在这么类比，就会让人很不服气，因为无论哪个朝代的一囤珠，可能都比某家田地的一剂雨更昂贵。

谚语可以是这样的：严霜出呆日，雾露是好天。

但也可以是这样的：

霜雾露，洗衣裤。

轻霜浓雾，干得走投无路。

就连劝耕的谚语，也有诸多"画风"。

最著名的莫过于：一年之计在于春。

但可以直白地说：

春天误一晌，秋天误一场。

春天起得早，秋天吃得饱。

也可以诙谐地说：
春偷懒，秋瞪眼。
人哄地皮，地哄肚皮。

俄语中也有类似的谚语：
Летом дома сидеть-зимой хлеба не иметь.（夏天闲坐，冬天挨饿。）

有些谚语比较书面，例如：
雨师好黔，风伯好滇。
贵州容易下雨，云南容易刮风。

有些谚语与旧时的称谓和理念相关，所以现在理解起来有一定难度，
例如：
公雾主晴，母雾主雨。
据说南风吹雾为公雾，北风吹雾为母雾。
有些谚语具有方言、人文背景和特定作物的具体语境，例如：
干不拉，湿不鼓。
大豆开花时干旱不容易结荚；成熟时连雨则不容易籽粒饱满。

风扬花，饱塌塌；雨扬花，秕瞎瞎。
庄稼授粉期宜风不宜雨。

九月九，收龙口。

从前民间认为，下雨是龙口吐水。在农历九月九（重阳）之后，龙闭嘴了，雨水就少了。

大寒小寒，穿较济衫嘛是寒。

大寒小寒时节，穿得再多，仍然会感觉寒冷。

风吹弥陀面，有米弗肯贱；风吹弥陀背，有米弗肯贵。

类似的谚语是：冬季吹北风，来年五谷丰。

不怕江猪过河，就怕江猪打尾。

碎雨云在移来过程中，如果翻滚并发展，就会大雨滂沱。相近的谚语还有：老母猪过河，请来了雨婆。

很多谚语并非"通行谚"，有特定的适用范围和传播区域，只要它们在其"司职"之处为人所知，为人所用，我们便无须苛责它们。

天气谚语在表达上，除了雅俗的差异之外，还有预报逻辑上的差异。

☁ 概率意识

即使现代的气象预报，提供的也只是可能性，而非确定性。强调的是概率更高的可能性或风险更大的可能性。言说必然，过于肯定，反倒是一种过犹不及。

很多谚语是这样的：

日出早，主雨；日出晏，主晴。

霁而不消，名曰待伴，主再有雪。

雪后放晴但雪不融化，仿佛雪在等待它的伴儿，有可能再下雪。这显然不适用于高海拔、高纬度地区。

清明难得晴，谷雨难得雨。

六月初三雨，七月多晡时。

晡时，本义为申时，即 15~17 时。午后对流发展，最易发生雷雨。旧时常以午后雷阵雨为晡时雨。

而有些谚语是这样的：

冬至后一百五日，必有疾风甚雨，谓之寒食。

春南夏北，有风必雨。

既吹一日南风，必还一日北风。

一个星，保夜晴。

鱼鳞天，不雨也风颠。

"主""多""难得"所表达的，是或然，是大概率；而"必""保"以及即使不下雨也会刮风的句式所表达的，是确定性。一些谚语还具有绝对化色彩，而有些谚语已经体现了预报中可贵的概率意识。

☁ 量化习惯

应该说，无论谚语之中还是谚语之外，古人并未普遍建立以严谨量化的方式描述气象现象和规律的习惯——不量化或者随意量化。

雨水节落三大碗，大河小沟都要满。

东晴西暗，等不到端碗（或：撑伞）。

离伏十日热死牛，离冬十日冻死狗。

一日东风三日雨，三日东风九日晴。

降水量是多少？多久之后会出现降水？某种天气可能持续多长时间？
人们往往是以"飞流直下三千尺"的风格进行描述的。

西南阵，单过也落三寸。

三寸是多少？是降水量 100 毫米吗？

南闪千年，北闪眼前。

所谓千年，只是为了说明南边闪电时间再久也不容易下雨。

春雾一朝天，夏雾消半年。

春季的雾固然容易云消雾散。但夏季的一场雾，都得要弥漫半年，一
直到隆冬吗？

江南三尺雪，米稻十年丰。

三尺瑞雪，真的可以赐予我们十个丰年吗？

再看一组以六月初的关键日占卜雨水的谚语：

六月初六阴，瘦地出黄金。

六月初六是所谓晒龙袍的日子，常有暴晒天气。如果当日阴天，后续雨水连绵。这个谚语是一句价值判断，表达的是人们对雨水的期待。那么六月初的几天里如果下雨，连绵的雨会下多久呢？且看：

六月初一丢一丢，七十二暴到交秋。
六月初一下雨，于是会有72场雷雨吗？

六月初三一个阵，七十二个连环阵。六月初六起个阵，还有六十六个阵。
六月初三雨，一百二十天狗毛雨。
到底是66场雨还是72场雨呢？如果下120天的毛毛雨，岂不是一直下到立冬了吗？
下了六月六，大雨下一秋。
六月六下雨，于是立冬之前都在下大雨，不是毛毛雨吗？
谚语往往是写意的，很难以精准量化的方式去衡量。一些数字、量级，有的为了押韵或对仗，有的为了对比、夸张和渲染。所以这些表述只是在大概界定长短、多寡、强弱，不能丁是丁、卯是卯地将数字对号入座。这或许应了那句网络用语："认真你就输了！"

六月的狗毛雨 是要一直下到立冬吗？

☁ 组合式判据

即使现代的天气预报，也不是一个人、一种观测方法、一种预报模式的独断。大家要会商，还要做"集合预报"。谚语也一样，尤其在重大事项的推测时，不能搞只有一个判据的"一言堂"。

立冬晴，一冬凌。（立冬那天是晴天，整个冬季就会气温偏低。）

一日值雨，人食百草。（元日那天如果下了雨，整个年景就会非常差。）

仅以一个判据来断定一季甚至一年的状况，会使预测流于粗放，失于武断。所以人们会尝试用滚动订正的方式、相互印证的方式，以组合式的方法提升预报水平。

人们意识到，仅用元日来判断一年的状况过于草率，那就对判据进行细化吧：

上元无雨多春旱，清明无雨少黄梅；夏至无云三伏热，重阳无雨一冬晴。

在元日判据的基础上，让元宵节管春天的旱涝，清明节管梅雨的多寡，夏至节管伏天的气温距平，重阳节管冬季的干湿。

如果觉得"重阳无雨一冬晴"还过于笼统，那就再细化一下：

重阳无雨看十三，十三无雨一冬干。

单一判据	组合判据
立冬暖，一冬暖。	立冬不冷数九冷，数九不冷倒春寒。
小雪无云要大旱。	小雪无云大雪补，大雪无云要春旱。
小雪雪满天，来岁是丰年。	小雪大雪雪满天，来年准是丰收年。
冬至暖，大年冷。	冬至不冷腊八冷，腊八不冷大年冷。

联动式的组合判据，看起来比单一判据更审慎。我们要为审慎的态度点赞，尽管它未必能够显著提升预报的准确率，但毕竟人们在努力完善证据链，完善自己的预报逻辑。

除了预报逻辑，还有传播逻辑。对于灾害性天气的预测或描述，不宜调侃，力求直白。

我们浏览一下预测冰雹的几则谚语：

太阳咬人就有雹。

所谓太阳咬人，是指太阳很猛很毒。在云尚未生成时，根据日照进行预估。

以云预测冰雹，最简洁的谚语是：疙瘩云，雹临门。

对云的形态稍微细致的描述是：乌云下面生馒头，雹子下来像拳头。

最多的，还是以云色进行冰雹的临近预报：

嫩云雨，黑云风，红云雹。

嫩云，指白白嫩嫩的云。这则谚语是在"乌头风、白头雨"的基础上改装的。如果一大坨黑白的云有了彩色的"饰物"，无论是红是黄，是条纹还是边沿，都很容易出现冰雹。

黑云黄梢子，过来带刀子。

黑云带着黄色的边沿，可能会有冰雹。

这几则谚语从语风上看各有特点，但都非常明晰，因为对于灾害性天气的预测谚语，尽量不要晦涩，不要弯弯绕。而从预报依据上看，各有侧重，让它们适当"联手"，预报或许会更准确一些。灾害性天气，人命关天，如果有调侃的语句，就太浅薄和冰冷了。如果把具有预警属性的谚语弄得文绉绉的，也过于造作了。

现在广义的天气谚语越来越口语化，和人们平常说的"大白话"越来越像。

不以降雪为目的的降温，都是要流氓！

人们对只降温、不降雪的感慨。

有一种冷，叫你妈觉得你冷。

形容初凉时节，你还不觉得冷，但妈妈嫌你穿得少。

我和烤肉之间，只差一撮儿孜然！

形容天气炎热炙烤，使人已经近似孜然烤肉了。

If the first snow falls on unfrozen ground expect a mild winter.

（初雪时尚未封冻，是暖冬。）

The winds of the daytime wrestle and fight longer and stronger than those of the night.（白天的风比晚上大。）

我猜测，未来谚语的表达可能会有两个趋向：

一是越来越直白，委婉的方式会减少，韵律感会降低，不追求修饰，保持语言的"素颜"特征，并越来越多地以网络途径流传并大浪淘沙。

二是预报类的谚语会显著减少，因为人们已不再需要以谚语来预判天气。而新生的天气谚语可能大多是人们对于即时天气的极具感情色彩的感触和评述。情绪传播往往比事实传播更有穿透力。

第四章

看风云，观物象

天气谚语的类别

为什么会有那么多的天气谚语？因为我们古代的农耕，太仰赖天气，太需要对于天气的预见。我们的天气有着足够夸张的变数，而我们的气候有着足够显著的定数。"一阴一阳之谓道，阴阳不测之谓神"，所谓道，就是定数；所谓神，就是变数。所以人们求道、问神。

变数，激发了探究气象的诉求；定数，提供了认知气象的可能。

而且，我们的这片土地上，气候多元，所以既有超越区域的"通行谚"，也有限定区域的"地方谚"。并且，在这个全民可参与的领域，我们的历史悠久，人口众多，于是谚语数量体现着人口红利和年代红利。

天气谚语浩繁，划分方式也注定可以有很多。天气谚语如果最粗略地划分，可为两大类——预报类和非预报类。如果划分为三类，则是气象预报类、气象规律描述类以及借助气象咏物言志类。

预报类谚语，可以按照预报时效划分，我们可以看到不同时间尺度的时效：

春风踏脚报。是说春季天气多变，时效只在眨眼之间。

西北雨，惊查某。是说夏季的对流性降水，更容易惊扰女人。一是因为有雷，二是疾雨骤至，连撑伞的时间都没有，浓妆薄衣的女子更容易遭遇尴尬的情境。天气之变，只在顾盼之间。

燕子低飞蛇过道，大雨很快就来到。

天上钩钩云，地上雨淋淋。

几乎都是分钟级或小时级的短时临近预报。

日晕三更雨，月晕午时风。

上午白云走，下午晒死狗。

时效也只有半天的时间。

热雨不过夜，冷雨有几天。

山药蔓穿新尖，大雨不过两三天。

冬天麻雀成团，三日内有寒潮。

时效在 72 小时之内的，这算是短期天气预报。

此外，时效可以是半个月左右：雁过十八天下霜。

可以是一个月左右：暖立春，冷惊蛰。

可以是两个月左右：柽柳开花，六十天有霜。

可以是一个季度：雨淋春牛头，农夫百日愁。旧雷赶新春，春日不受熏。（是说冬至至立春之间打雷的话，开春之后雨水多。）

可以是半年：九月多橡实，三月多雪花。

可以是一年：

今冬麦盖三层被，来年枕着馒头睡。

正月初一有浓霜，今年粮食撑破仓。

连宵作雨知丰年，老妻饱饭儿童喜。

也可以按照预报对象划分，即按预报和描述哪种天气现象来划分。预报冷暖的，预报晴雨的，预报风的，预报雷暴冰雹的，预估旱涝的，预估年景的。还可以按照适用时段或适用地区来划分，即按预报哪个季节或者哪个地区来划分。

千里不同风，百里不共雷，十里不一样的雨。在盛夏时节，更是夏雨隔牛背。这便是人们对于天气空间尺度的认识。

所以人们审慎地把握分寸——"晴雨各以本境所致为占候也"。

当然，或许更合理的方法，是预报类谚语按照预报方法来划分；非预报类谚语，按照应用范畴来划分。

这样，天气谚语大致可以分为九个类别：

通则类

此类谚语不拘泥于具体的天气判断，而是更超然地阐述规律性，建构价值观，提供方法论。

看风云

看天辨天，此类谚语最直接，力图以此时的天气推断未来的天气。

观物象

人们既看天，也看地。审视地上一切与天相关的各种物象，不放过任何蛛丝马迹。

选取关键日

古人认为，总有一些特殊的日子对天气气候有着超乎寻常的决定力，例如元日、立春、冬至。围绕着这些关键日，进行推测。这是一种把复杂问题简单化的朴素思维。

推断韵律

历史总是惊人的相似。人们希望借助两个时间节点的遥相关，找寻天气气候的周期性，从而揭示不同节奏的韵律，使人们的视野具有更长的时间尺度。

节气类

节气，是中国特有的时间法则。以节气表征时令特征和农事节律，更凸显天气谚语亲和的文化感。节气类谚语虽与其他类别的谚语多有交汇，但又具有自成一体的独立性。

农桑类

天气谚语的初心，就是为了农桑之宜。但了解气象的习性，还要了解作物的习性以及对于气象的适应性。精准把握作物对于气象的各种宜忌，是对天时地利的综合性认知。

饮食养生

中国人讲究"天人合一"，不违逆天道，以"和合"的理念休养生息。春祈秋报，懂得敬畏与感恩；草衣木食，懂得珍惜与满足。日出而作，日落而息，在并不富足的生活中，恪守着生养的清规。

天气起兴

很多谚语源于天气，而不囿于天气，是人们气象智识的发散和升华，是天气谚语的"跨界"。

有一类天气谚语，它所阐述的，并不是针对天气的判据，而是与天气、气候相关的规律性、价值观、方法论。所以，这一类谚语，近似通则。

这些通则，如同气象认知范畴的"公理"，具有参照或指导意义。

☁ 表述规律性

荀子的"天行有常"，说的就是规律的存在；《千字文》中的"云腾致雨，露结为霜"，说的是成因上的规律；《声律启蒙》中的"春暄资日气，秋冷借霜威"，说的是体感上的规律；苏轼写的"三时已断黄梅雨，万里初来舶棹风"，说的是时序上的规律。

冬寒雨四散。冬天的雨大多是毛毛雨，很容易随风四处乱飘。

龙行熟路。描述的是夏季的雷雨冰雹常在固定的地方重现，体现着地形的作用。"冰雹走老路，年年旧道窜"。龙行熟路，仿佛行云布雨的龙喜欢怀旧，喜欢故地重游。

旱是一大片，雨是一条线。与干旱相比，雨涝往往是一片相对狭窄的区域。

雹打一条线，水冲一大片。与冰雹相比，雨涝的区域又显得相对开阔。

有些谚语似乎已经超越谚语的层级，变成了挂在人们嘴边的老话儿、老理儿。

秋风未动蝉先觉。描述的是感知气象的生物本能。

风从地起，云自山出。描述的是气象要素生发之地的规律。

九月九，雷收口。描述的是江南雷电天气在秋季的终止规律。中原地区一般是秋分时节"雷始收声"，所以九九重阳，北方已是云销雨霁、天高风清时节，登高望远时很少会被雷雨搅局。与之相比，江南的终雷日期错后一个节气。

燕草如碧丝，秦桑低绿枝。

人间四月芳菲尽，山寺桃花始盛开。

一个是不同气候区的物候差异规律，一个是不同高度的物候差异规律。

● 冷在三九

口口相传的气候认知，使"冷在三九"成为毋庸置疑的共识。

但是，气候变化正在撼动甚至颠覆"三九"在寒冷界的霸主地位。

我们选取几个区域。在北京、江苏两地，与1951—1980年相比，1981—2010年的数九期间，每个"九"几乎都在变暖。但各个时段的气温升幅大不相同，"春打六九头"的立春时节升温最多，而四九期间升温最少。于是，由传统的"冷在三九"渐渐地变成了"冷在四九"。

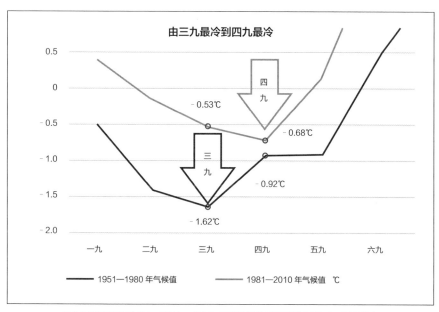

从全国平均气温来看，1951—1980 年最冷时段确实是在三九（-1.62℃）。

但在 1981—2010 年，最冷时段却悄然"漂移"到了四九（-0.68℃）。

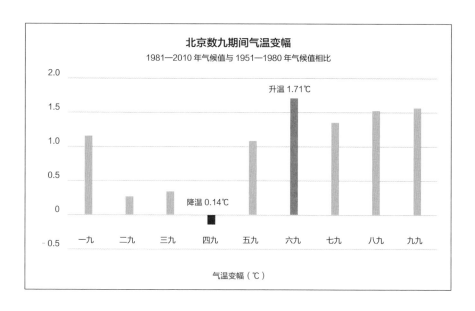

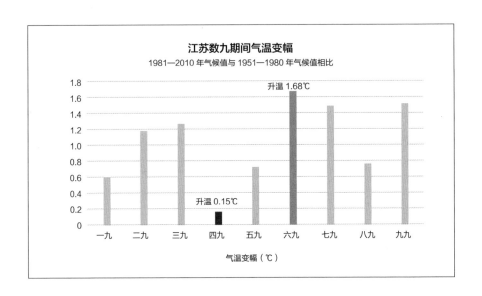

江苏数九期间气温变幅
1981—2010 年气候值与 1951—1980 年气候值相比

升温 1.68℃

升温 0.15℃

气温变幅（℃）

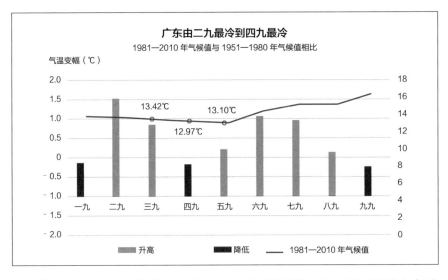

广东由二九最冷到四九最冷
1981—2010 年气候值与 1951—1980 年气候值相比

气温变幅（℃）

13.42℃

13.10℃

12.97℃

升高　　　降低　　　1981—2010 年气候值

其实，"冷在三九"作为人们心目中的"通则"，原本就不是放之各地而皆准。

以广东为例，广东 1951—1980 年是冷在二九，而 1981—2010 年是跳过三九，直接冷在了四九。这则谚语，已经在很大程度上辜负了人们的笃信。谚语的"信用"，往往也仅属于某个时代或者某个区域。无论是以常用的连冬起九法（冬至当日即开始数九）还是相对冷僻的逢壬数九法（冬至起逢壬日开始数九）衡量最冷时段，都面临同样的问题。

在气候变化的背景下，入冬滞后，导致最冷时段向后顺延，于是"冷在三九"的老话儿遇到了前所未有的挑战。

● 日暖夜寒，东海也干

这则谚语起源于江浙一带，原本是说春夏之交的状况。

通常而言，这里气候湿润，昼夜温差很小，一般会低于 10 摄氏度。很少会出现"早温、昼热、晚凉、夜寒，一日而四时之气备"的情况。这一区域的梅雨，是从芒种到夏至，自南向北陆续展开。冷暖气团逐步形成战略相持的态势。

而在立夏前后，江浙通常还是在干冷气团的占领之下，空气热容量较小，夜晚很凉甚至略显寒意，依然体现冷气团的本色。但白天阳光加热干燥空气的效率比较高，蒸发量也大，所以昼夜温差很大。

在夏季，这条谚语的原理也基本适用。

如果副热带高压牢牢掌控此地，下沉气流盛行，蓝蓝的天上白云飘，甚至蓝蓝的天上什么都不飘，大气通透，白天辐射升温，夜晚辐射降温，白天热，夜晚虽然谈不上有多凉，但昼夜温差有所加大。在阳光强烈的炙烤之下，蒸发加剧，空气干燥。东海固然不会干，但这种天气形势如果稳定持续，将导致严重的伏旱。

尽管干旱时段南方地区的降水量绝对值仍然高于很多气候干旱地区，但南方的草木以及农作物对多雨气候都具有偏好和适应性，喜温喜湿，一旦缺少降水，它们很快就会"渴死"，河马不能和骆驼比耐旱能力。

● **三寒四暖**

这是中国一则古老的天气谚语，现今也广泛流传于东亚和东南亚一些国家，也作"三寒四温"。是说七天的一个周期中，三天相对冷，四天相对暖。

当冷空气侵袭某一地区，如果影响的"项目"齐全，可能是降水、大风、降温，阴冷和晴冷相继出现。刚开始，气势汹汹，降温显著。但一方面在阳光的照耀下，已经"占领"本地的冷气团会渐渐变性，逐步失去其寒冷的"本色"，陆续地被"同化"到稍暖的程度。另一方面，冷高压前部是寒冷的偏北气流，而在其东移南下的过程中，当本地位于高压后部时，盛行温暖的偏南气流。在下一股冷空气到来之前，气温回升，感觉冷空气就地消失了。故冷上三天之后，会有四天相对温暖平和的时段。

所以"三寒四暖"所描述的是冷空气出现的频率、显著影响的时长。当然，这只是一种广义的、粗略的规律而已。

具体来说，有的时候，经向环流，冷空气是"组团"南下，扎堆影响，不仅"三寒"，之后也无"四暖"；有的时候，纬向环流，冷空气只"东征"不南侵，一段时间内只有阴晴变化，并无寒暖转折。

在一些地方，人们观察天气变化的节奏，发现不同季节呈现差异，所以还有春天三冷四热，秋天三热四冷的说法。

● **七月厚风台**

这则谚语是说 7 月最易受到台风影响。

从以下图表中可以看出，总体而言，8 月是一年之中生成台风最多的月份，排在次席的是 9 月，7 月与 10 月几乎并列第三名。

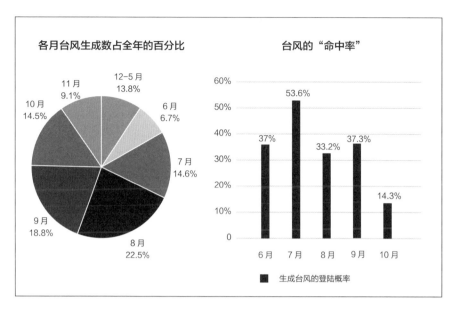

各月台风生成数占全年的百分比

12-5月 13.8%
11月 9.1%
10月 14.5%
6月 6.7%
7月 14.6%
9月 18.8%
8月 22.5%

台风的"命中率"

6月 37%
7月 53.6%
8月 33.2%
9月 37.3%
10月 14.3%

■ 生成台风的登陆概率

　　但这是台风的生成数，而通常民众所说的台风，是登陆了或造成严重影响的台风。

　　我们再看看各月的台风"命中率"（在我国，登陆台风在生成台风中的比例），就会发现7月台风的"命中率"远高于其他月份。7月的台风生成数位列第三，但"命中率"第一，台风登陆数第一。7月的台风生成数占全年的14.6%，但登陆数却占到全年的28%，所以"七月厚风台"所言不虚。

　　但各地的情况又有所不同。从登陆地点而言，8月之前的台风往往更"偏爱"广东和海南。

　　常年登陆中国的第一个台风的平均日期是6月29日，其中有43.9%的初台是在广东登陆的。

　　而进入8月，台风便更为"偏爱"台湾、福建、浙江。当然，登陆福建的台风有近2/3是先登陆台湾再登陆福建的"二手台风"。

未食五月粽，破裘不甘放。

乌云打转转，要下冷蛋蛋。

这两则谚语，仅从字面，或许也能大概猜出它们的"产地"。

谚语不仅有地域特色，也有时代印记。

破鼓好救月。这是一则我曾有阅读障碍的谚语，它是说：平时丢弃在一边的破鼓，关键时刻也是可以救下月亮的。因为古时候遇到月食，人们以为是天狗吃月亮。于是人们燃放爆竹，敲打锣鼓，试图赶走天狗，营救月亮。

毋惊七月半鬼，只惊七月半水。农历七月十五是从前民间信仰中的鬼节。不怕七月半的鬼，就怕七月半时台风所引发的洪水。因为七月十五前后正值天文大潮期，台风若与之形成叠加效应，极易发生洪水。

不同的时代背景、气候类型和生存方式，人们会有不同的思维方式和表述方式，对于气象现象也会有不同的价值判断。

比如春浊不如冬清，说的是耕耨之道。人们觉得春雨不如冬雪。

比如夜雨日晴，天下太平，人们需要雨，但希望是夜雨。

● **昼息不如夜静**

白天对流旺盛，天气变数多；夜晚辐射冷却，天气躁动少。所以，白天最高气温的预报准确率，通常比最低气温的预报准确率要差四五个百分点。如果白天过于平静，反而预兆天气可能面临动荡。白天，反正我人在忙活，您尽可以折腾；晚上，我要安稳地睡个觉，您就别再闹了！

这是谚语中所蕴含的一种天气价值观。

当然，也有人喜欢白天晴晚上雨，人与天两不相扰。

有些地方"盛产"夜雨。比如一些盆地、河谷地带，夜雨率高达70%~80%。因为傍晚时分，太阳落山，坡地比谷地的气温下降速度快，陆面比水面降温速度快。气流沿坡下沉，盆地或河谷中的暖湿空气被迫抬升、凝结，从而成云致雨。

英国有句天气谚语：

If you do not like the weather here，wait a minute.（如果你不喜欢这儿的天气，那就再等上一分钟。）

据说冰岛也有一句类似的谚语：如果你不喜欢这样的天气，就再等上5分钟。

恰好有一次采访冰岛驻华大使，我向他求证。他说，这句谚语的完整版本是这样的：如果你不喜欢这样的天气，就再等上5分钟，它可能会变得更糟糕！

这几则谚语同样反映的是一种天气价值观——天气其实没有绝对的好坏，所谓好坏，只是我们的感受而已。天气并不会特地迎合或取悦人们，人们需要做的，是找寻规律和适应变化。

● **瑞雪兆丰年**

这或许是"知名度"和通晓程度最高的天气谚语了。

其他国家也有类似的谚语：

英语版：A year of snow，a year of plenty.

法语版：Neige qui tombe engraisse la terre.

有雪年丰。雪盖可以阻止越冬作物过早抽青，还可以"劝说"冒失的果树不要过早开花，从而使它们幸运地躲过杀手级的晚霜冻。

德语中的这则谚语描述得更为感性：

Januar ganz ohne Schnee tut Bäumen，Bergen und Tälern weh.（一月若无雪，树木和山谷都会痛。）

今冬麦盖三层被，来年枕着馒头睡。冬有三白，是指大地至少要经历三场雪，而且不是那种随下随化或者积了又融的雪。对于大地和作物而言，雪是被、是水、是肥。这是普通的雨所不能比拟的。

谚语说：雪姐久留住，丰年好谷收。您看，雷公、电母、雨师、冬将军、风婆婆、老天爷……这些称谓听起来都是长辈，令人仰视和敬畏，只有雪姐、春姑娘，听起来很俏皮、很亲昵、很可人。

腊雪是被，春雪是鬼。

腊月有三白，猪狗也吃麦。

腊雪不烊（融化），穷人饭粮；春雪不烊，饿断狗肠。

所谓瑞雪兆丰年，泛指冬雪，也特指腊月的雪。

但很多雪并非瑞雪。太早的雪，是对秋天的肆意践踏；太晚的雪，是对春天的公然侵略。雪，行走于江湖之间，可以为善也可能为患。

尊天时、守本分的雪，能净化天、滋润地、呵护万物，方为瑞雪。

大地冬眠时，雪可为瑞；万物复苏时，雪多为灾。

● 大寒不寒，人马不安

该冷的时候一定要冷，违背气候规律的异常天气，尽管感觉很舒适，也难以称之为好天气。还有另一句谚语作为佐证：冬暖年要荒，冬冷福好享。

古人尽管苦于寒，但更忧于该寒时不寒。

季风气候的特征是四季分明，该冷的时候就必须冷，该热的时候就要热。最早确立二十四节气完整序列的《淮南子》中就有这样的叙述：

春行夏令，泄；行秋令，水；行冬令，肃。

夏行春令，风；行秋令，芜；行冬令，格。

秋行夏令，华；行春令，荣；行冬令，耗。

冬行春令，泄；行夏令，旱；行秋令，雾。

气候异常，使人们难以适应，导致"民多疾疫"，所以"人马不安"。气候的特征，能够映射到人的机体，或许这便是"天人合一"吧。

无论《淮南子》的解读是否具有科学性，我们都可以看出，古人对于气象规律的理性认识，该冻时冻，该解时解；雷该发时发，该藏时藏；草木该荣时荣，该枯时枯。即使是人们容易忽略的一个隐性要素"不时"（不遵守气候规律），也可能造成显性灾害。

大暑不暑，五谷不起。

霜降无霜，碓头无糠。

十月有霜谷满仓。

腊月三斤霜，狗都不吃糠。

国外的几则天气谚语体现着同样的思维：

德语版本：

Winter und Sommer haben verschiedene Sinnen：Der Winter muss verzehren und der Sommer gewinnen.

英语版本：

Winter and summer have different purposes：winter must languish and summer must produce.

（冬天、夏天有不同的分工：冬天负责凋萎，夏天负责繁荣。）

德语版本：

Knarrt im Januar Eis und Schnee：gibt's zur Ernt' viel Korn und Klee.

英语版本：

If in January the ice and snow crunches：At harvest time there'll be grain and clover in bunches.

（如果一月冰雪坚，秋天粮食堆成山。）

德语版本：

Januar kalt - das gefallt.

英语版本：

January cold - that's what we like.

（一月有寒天，大家都喜欢。）

"大寒不寒，人马不安"，人们看待气候的大局观，"该冷不冷，不成年景"，人们能够从全年的视角去评判当下的冷暖。

实际上，越是大陆性气候，气候变率越大，就算仅仅截取一个比较短的时段，在年际之间进行同期对比，差异往往也非常巨大。

正所谓"时季有早晚，逐年无相看"。寒与暖，不能单纯以大寒日的气温状况进行简单的判定。

☁ 方法论

这类谚语并不涉足特定的个案，不用于具体的气象判断，而是为观察气象和应对气象提供方法。

比如如何借用其他生物感知天气气候的本能，推荐的方法是"巢居者知风，穴居者知雨，草木知节令"，让鸟儿预测风，让虫儿预测雨，让草木预测时节的更迭。

比如不同季节该怎么着装，不像现在有穿衣指数，不是具体讲该穿几件衣服，而是推荐一个原则：春捂秋冻。每天着装的具体"战术"，都是在"春捂秋冻"这个"战略"的指导之下。

即使是肉眼观天，也不是茫然地东张西望，而是有方位技巧的。不同的季节，看的地方不一样，要冬看山头，春看海口；不同的时刻，看的方向也不同，要早看东南，晚看西北。

● 春捂秋冻

这是一则关于换季时着装智慧的谚语。古人特别在意吃穿的分寸："饮食以调，时慎脱着。"

春捂秋冻的原则是：春天来时，适当捂一捂，使机体渐渐适应回暖；秋天来时，适当冻一冻，提高机体的抗寒能力。着装与时令有适当的滞后。

春天是"虽阳暖，勿薄衣也"；秋天是"棉衣不用顿加添，稍暖又宜时暂脱"。

《玄枢经》曰："春冰未泮，衣欲上薄下厚，养阳收阴，长寿之术也，太薄则伤寒。"

但所谓"捂"和"冻"，都应有一个前提，春天的捂，以不出汗为前提；秋天的冻，以不着凉为前提。

以古人的说法，衣着更换的标准是：寒无凄凄，暑无渗渗。

也就是说，冷时不至于发抖，热时不至于流汗。渗渗，原意为多雨，指汗流浃背之状。

当然，很难以精准量化的方式来判定如何穿衣，即使相近的气温，有风无风，是干是湿，是晴是雨，体感的差异也很大。"晴冽则减，阴晦则增"。而且不同的人群，也需要有不同的原则，（农历）二八月，乱穿衣，所谓"乱"，一方面是指人们需要根据天气变化及时增减衣物，另一方面也说明不同的人穿着差异很大。

还有一则谚语，叫作：急脱急着，胜如服药。就是告诉人们，热了及时脱衣，冷了及时穿衣。

这两则谚语看似相悖，实则相合。就像战略上藐视敌人，战术上还要重视敌人一样。"春捂秋冻"说的是应对气候的战略，"急脱急着"说的是应对天气的战术。比如春季，大的原则是适当地捂。但春季的昼夜温差往往是一年之中最大的，一天当中，或许就包含了两个季节，一季当中，甚至可能急冷急暖，所谓"春如四季"。所以在一天之内、一季之中还需要机动地增减。

英语中，有一个着装原则的说法，叫作：Dress in layers（多层着装），即所谓洋葱着装法。热了脱一两层，冷了加一两层，随时调整。不能只有两层，捂上便是隆冬衣着，脱了便是盛夏装束。中间要有过渡，为机体提供缓冲。

当然，在大陆性气候背景之下，春和秋作为过渡季节，都很急促。可以捂和可以冻的时节，十分短暂。

俄罗斯的一则谚语很有意味：

没有不好的天气，只有穿不对的衣服。

如果穿错了衣服，便是另外一则谚语：

露里走，霜里逃，感冒咳嗽自家熬！

别说在气温多变的春秋，即使在冬季，人们对于着装也有诸多心得。

若要安乐，不脱不着，北方语也；

若要安乐，频脱频着，南方语也。

气温变化时，北方以不增不减为安全；南方以频繁更换为安全。

冬季北方无论气温怎样变化，都依然在寒冷区间。而南方时冷时暖，感觉一会儿"穿不住"，一会儿"扛不住"，就要赶紧更换。

看看李清照在春天时换装的心情："风柔日薄春犹早，夹衫乍著心情好。"

- **春看海口，冬看山头**

  春季，暖湿气流由东由南而来，风云变幻从海面上可看出端倪。

  冬季，干冷气流由西由北而来，翻山越岭时可导致相对较暖的空气被迫抬升，在山头可以看出苗头。

  所以，"打量"天气，并不是胡乱瞧，而往往需要聚焦关键方位或者特征点。

- **朝看东南，暮看西北**

  如果仅从日出日落的方位而言，这句话并不确切。因为夏天，太阳从东北升起，西北落下；冬天从东南升起，西南落下。但从冷暖天气系统的来向而言，却是关键方位。干冷气流大多来自西北方向，暖湿气流大多来自东南方向。

  日出东方，日落西山，所以早晨观察日出方向，傍晚观察日落方向，所看到的，是太阳映照出的本地天气的"脸色"。如果有冷空气，西北方向会率先出现征兆；如果有暖空气，东南方向会率先显露迹象。

  即使是阴天，细腻的观察者也能看出将晴的线索，即阴天卜晴，"朝要天顶穿，暮要四边悬"。正所谓：早看东南一张嘴，晚看西北一条腿。

  要想当日晴，早晨看东南方向，即使有云层，也至少露出一张嘴，云层不是完全遮盖。

  要想次日晴，晚上看西北方向，即使有云层，但悬在空中，并不接地，好像没有腿一样。

  虽然在卫星和雷达"坐镇"的观测时代，这样的眺望显得太过低端。但在肉眼观天的岁月，这些谚语所提供的方法论，却是时人可及的谨严章法。

天气最壮观、最可感的，便是风云。人们希望叱咤风云，人群中最杰出的人被称为"风云人物"。

云是大自然最生动的语言和最丰富的表情。精致的云锦、古朴的云纹瓦当……云，滋养了人间诸多艺术灵感。

但从观测的角度而言，人们看风云的目的，却是为了雨。人们不希望"听风就是雨"，很想知道哪片云彩会下雨。古时与天气相关的祈与祭，几乎都是为了雨。

表征天气现象的汉字，大多都是雨字头的。"冬旱无人怨，夏旱大意见"。确切地说，人们在意的，是耕作时节的雨。

如果通过观风云就可以直接知雨泽，显然是最省事的捷径，就无须费尽周折地通过观察花鸟草虫来"曲线救国"了。但遗憾的是，"天有不测风云"，人们只是执着地揣摩天有可测风云的那一部分。

看风，人们首先划分不同方向的风。先秦时期，人们便开始划定"天有八风"，不同方向的风可能导致不同的天气。到了唐代，人们借助树木划分风力的等级。根据动叶、鸣条、折枝、拔根等指标来区分风力的强弱。

而区分云，更是一项烦琐的系统工程。起初云的划分很粗糙。比如韩云如布、赵云如牛、楚云如日以及秦云如行人、齐云如绛衣之类的说法，完全是以当时的国别划分，实属一刀切、脸谱化的划分。

《吕氏春秋》中关于云的划分开始有了些眉目，比如山云草莽、水云鱼鳞、旱云烟火、雨云水波。1802 年，英国人卢克·霍华德创立了全新的、直到今天人们依然在沿用的云分类思路。他并不是一位专业的气象学者，而是一位爱好者，一家药企的老板。可见自古以来，气象学都是一个开放的、没有围墙的学科。气象学的学问，来自所有人的"众筹"。

古人说：行得春风有夏雨。言有夏雨，应时可种田也，非谓水必大也。

风调才能雨顺，风是雨的先导，正所谓：风是雨头。按照荀子"友风子雨"的说法，风的辈分更高，算是雨的长辈。

我们现今可以看到的甲骨文时代的卜辞中，占雨类是占风类的三倍。那时，人们还没有意识到季风气候中，风的先导作用。而测雨先观风，才算是抓住了观天测候的"七寸"。

● **看风的方向**

最容易下雨的风还是随时调转风向的风，它意味着"多股势力"的缠斗。

风倒三遍，不用掐算。

风打架，雨相连。

风吵有雨，人吵有事。

某些方向的风有着显著的征兆。人们经常宽泛地说：东南风是调雨台，西北风是开天锁。说：要落好雨东北风，要吃好酒亲家公。但即使同一种风，在不同季节也体现着不同的"功能"：

东北风，雨太公。言艮方（东北方向）风雨卒，难得晴。（俗名曰"牛筋风雨"。）

南风吹我面，有米也不贱。

北风吹我背，有米也不贵。

春风头，秋风尾。

春东夏西，斗笠蓑衣。

春南夏北，有风必雨。

春秋东南风，不用问太公。

刮上几天西南风，干得格崩崩。

西北风起蟹会飞。

南风发铳，大雨相送。（湖南）

春西风，雨咚咚。（湖南）

春天西风暖洋洋，燕子衔泥上高梁。（上海）

夏天东风是水桶。（福建）

夏刮东风当时雨。（河南）

夏南风，一场空。（江西）

夏东风，燥松松。（长江中下游地区）

夏季东风恶过鬼，一斗东风三斗水。（广东）

西北风刮过午，鬼仔走得哭。（广东）

西北风，雹子精。（陕西）

南风撅仗子，雨在那伴子。（宁夏）

四季东北（风）有雨下，只怕东北太文雅。（浙江）

西风头戴铁，不是雨就是雪。

从来西风最吝啬，想要得雨靠北风。

如果不限定区域和季节，仅仅从字面上看，这些谚语就像在吵架。

- **同样的风向，也要看不同的时空**

在不同时节、不同区域，各种方向的风都有致雨或者致晴的"履历"，所以还需要细致地框定时空。

三月北风是雨媒，四月北风送雨回。

四月头，东风晴；四月尾，东风雨。（华南）

四月南风扫，禾苗枯成草。

六月北风是雨骨。

六月北风当日雨，好似亲娘看闺女。

七月西风，饿死猫公。

七月西风吹过午，大水进灶肚。（华南）

七月西风贵如油，秋风西风是雨窝。（江南）

九月南风当日雨，十月南风干到底。

北风送九，平地船走；南风送九，干旱出头。

四季东风是雨娘。自西向东的气旋在行进过程中，气旋前部是东风、东南风或者东北风。所以东风往往是降水的前兆。这里所谓的东风，是指风具有偏东的分量，具有与本地气团相异的属性，也特指比较大的东风，正所谓：东风狂，雨师忙。

还有一句谚语，叫作：东北风，雨太公。辈分更高。尽管从水汽含量上，东北风或许没有东南风充沛，但它具有冷气团的属性，来到相对热的本地，容易形成对流，使本地的水汽抬升凝结，造成降雨。

所谓"四季东风是雨娘"，是"写意"，并非"工笔"。再确切一些的谚语是：一年三季东风雨，只有夏季是晴天。

在南方地区，东南风，燥松松。是说东南风导致天气干燥。其前提，就是炎热的夏季。

这里所说的东南风，是温暖的、盛行下沉气流的副热带高压带来的，而且它往往是大范围的，由单一气团控制，且没有其他气团在本地进行"骚扰"，所以不仅很难造成降雨，还会使相对湿度降低。苏东坡诗云："三时已断黄梅雨，万里初来舶棹风。"便是指盛夏时节，东南风带来大范围的晴朗天气。所以，"东南风是调雨台，西北风是开天锁"这句话，并不是在所有时节都能够应验的。类似的谚语是：伏里东风不雨。

春东风，雨祖宗。这个辈分已经不能再高了！由冬到春的交替时节，惯常"喝西北风"的本地，如果出现东风，说明另外一个属性的气团光临此处，冷暖势力可能在这里刀兵相见，造成降雨。春季地面增暖比较快，由下到上冷暖悬殊，也容易造成空气对流，加大降水的概率。

其实一个地方春季刮东风之后出现降雨的概率往往很低。只是在不同风向所导致的降雨中，东风致雨的概率相对较高而已。

从气候的层面看，要抓住季风气候背景下各个季节盛行风的变化。笼统而言，便是春东风、夏南风、秋西风、冬北风。

从天气的层面看，是基于西风带不同风向的属性，来推测天气的变化。

人们总结，寒冷的时候：久旱西风更不雨，久雨东风更不晴。

炎热的时候：天旱东风不下雨，水涝西风不晴天。

对于我们来说，东风来自海洋，温润；西风来自内陆，干冷。

寒冷的时候，冷空气坐镇，是西风的"主场"，越刮越干、越刮越冷，缺乏水汽条件，自然"久旱西风更不雨"。这时如果东风经常慷慨地赶来"捐赠"水汽，于是"久雨东风更不晴"。

炎热的时候，通常并不缺乏水汽条件，往往差的是冷空气强迫暖湿气流抬升凝结进而致雨的"临门一脚"。万事俱备，不欠东风，欠的是西风没来参加与水汽的约会，于是"久旱东风更不雨"。但如果时不时地冷空气赶来"赞助"一些西风，便是"久雨西风更不晴"的格局。

炎热的时候，水汽条件好，能否降水，主要看西风的"脸色"；

寒冷的时候，动力条件好，能否降水，主要看东风这个"供给侧"。

● 旱年只怕沿江跳，涝年只怕北江红

《农政全书》中收录了这则流传于太湖流域的民谚，北江指太湖。

清代《钦定授时通考》中这样解释：

亢旱之年，望雨如望恩。才见四方远处云生阵起，或自东引而西，自西而东，所谓沿江跳也。则此雨非但今日不至，必每日如之，即是久旱之兆也。

久旱时段，即使湖面上风起云涌，云团们东拉西扯，都在热热闹闹地"刷存在感"，但就是不下雨，这样反倒是久旱的征兆。

涝年每至晚时，雨忽至，云稍浮，北似霞非霞，红光曜日，雨必随作当主，夜夜如此，直至大暑而后已。

冬刮南风地不干，夏刮南风海底干。

天旱东风是火风，雨涝东风雨太公。

五月南风透地雨，六月南风裂地干。

可见，同样的风，在不同季节、不同时令，以及不同的前期天气状况下，可能导致不同天气，没有哪个风必然是来布雨的，哪个风肯定是来致晴的。

昼夜的风：

早东风，燥松松；暮东风，雨祖宗。

上午东风砍担柴，下午东风穿套鞋。

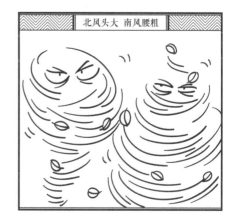

西南风腰硬，太阳落山要它命。

午后风最大，晚上对流减弱，风力下降。

早西晚东风，晒死塘底老虾公。

朝西暮东风，正是旱天公。

朝刮东风连夜雨，晚刮东风火烧天。

可见，别说是在不同时节，就是在一天里的不同时段，某种风也可能扮演不同的角色。

北风头大，南风腰粗。这则谚语是说，北风刚开始刮的时候很猛，但刮着刮着很快就弱了。而南风恰恰相反，刚开始刮的时候很弱，然后会越刮越大。

还有谚语说：南风尾，北风头。是说北风初起便大，而南风是愈吹愈急。

于是另外一则谚语告诉我们应对方法：南风莫走尾，北风莫走头。

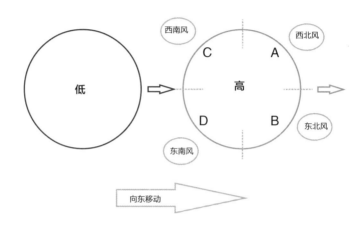

以一个高气压的移动为例，一般而言，在北半球西风带，它大多自西向东移动，或自北向南移动。

如果自西向东移动，高压周围气流顺时针旋转，东侧刮偏北风，西侧吹偏南风，系统东移过程中，例如原本刮偏北风的 A、B 地区由高压外围进入高压内部，受单一气团控制，风力迅速减弱。而原本吹偏南风的 C、D 地区因低压尾随而至，气压梯度加大，风增强，天气更加恶劣。亦称：北风头大肚子小，南风头小肚子大。

如果自北向南移动，高压的北面有低压尾随。B、D 地区之间的偏东风减弱，而 A、C 地区之间的偏西风增强。所以也有东风头大，西风腰粗之说。

而如果是在一天当中的各个时段，一般是：

南风腰中硬，北风两头尖。（南风午后强，北风早晚强。）

清代康熙年间，大将军施琅领命征讨台湾。当时围绕着是借助北风还是南风的问题上，军中分歧巨大。施琅认为："北风刚硬，骤发骤息，靡常不准，难以逆料。南风柔和，波浪颇恬。"在他看来，北风忽大忽小，很难把握；而南风稳定，持续性强，更容易驾驭。

运筹帷幄的将领，不仅要了解不同季节的风信，还要洞察不同风向的性情。

● **不同方向的风，带给人们不同的观感**

不同时节的风，不同方向的风，给人们的感触大不相同。不过，人们更注重观察它们之间的互动关系以及各种风在一天之中的消长规律：

春风不入皮。

春风入骨寒。

这两则谚语的意见不够统一嘛！

德语谚语：

Der Nordwind ist ein rauher Vetter.

aber er bringt beständig Wetter.

英语谚语：

The north wind is a raw cousin.

but it brings constant weather.

（北风是个生疏的表哥，但他会带来稳定的天气。）

● **北风冷冷，后娘狠狠**

在很多谚语中，往往将继母当作恶劣天气的化身。

比如：

春天后母面。

云里的日头洞里的风，蝎子的尾巴后娘的心。

西晒的日头，晚娘的拳头。

这些类比方式有偏见意味，对继母不够公平。

西北风，实在凉，亲妈不如丈母娘。

不是为了说亲妈不好，而是侧重于夸丈母娘。

东北风，皮脸精。

东风如小生，南风似花旦，西风若乌净，北风像沙钻。（湖南）

- **不同方向风之间的互动**

  东风不欠西风债。

  北风不欠南风债。

  东风不受西风欺，南风过来有道理。

  西风吹得紧，东风来回敬。

  既吹一日南风，必还一日北风，报答也。

  三日南风叫，十日寒风笑。

  南风吹吹，北风追追。

  北风接南风，老娘接闺女。

  有的说是报仇，有的说是报恩，有的说是还礼，有的说是放债，有的说是你喊喊我叫叫，有的说是老娘接闺女，人们运用丰富的想象力，把不同方向的风之间的互动解读成生活中不同的情节线索和人物关系。

- **不同方向风的消长规律**

  风过午，猛如虎。

东风两头尖。指东风午后最大，早晚都不大。

南风怕晒，北风怕盖。

南风怕阴，北风怕晴。

雹来顺风走，顶风就扭头。

通过思考什么方向的风盼什么、怕什么，谁是它的"援兵"，谁又是它的克星，便可以在一定程度上推断其强弱变化。

俗话说：占风必先占云。所谓看云，实际上也包括了看日月星辰，观察晕、霞、虹等，基本涵盖了人们仰视天空时的各种心得，所以比观风更为复杂。

人们辨天是为了卜雨，而风是雨的先导，所以要观风，云是风的招牌，所以要看云。

在梳理各国谚语后，发现通晓程度最高的是表达类似意义的三则，都与云有关：

朝霞不出门，晚霞行千里。

有雨山戴帽，无雨云拦腰。

日晕三更雨，月晕午时风。

● 有雨山戴帽，无雨云拦腰

所谓"山戴帽"，就是云底遮盖着山顶，像给山戴了一顶帽子，有时"帽子"大得甚至把"脸"都挡上了。

在一股气流翻越山峰的过程中，气流被迫抬升，水汽凝结，成云甚至致雨。于是看起来像是给山戴了帽子，而且帽子会越来越大。

日本的气象谚语也有类似的说法：

山に笠雲がかかると雨。（云给山戴上斗笠，可能会下雨。）

在山地，如果风速过大，"帽子"还没戴好就被吹飞了。如果气流不强，想爬山，但爬着爬着就爬不动了，云层既不高也不密，只能在山腰上飘浮着，感觉是在缠绕着山的腰。这种云不容易造成降雨。即使夜间冷却，云层可能会加厚一些，但谷风已转为山风，云想登顶便很难。

"有雨山戴帽"，但山也不是戴上什么帽子都下雨的。如果是荚状层积云，或者只是"偶然"飘到山顶的几块积云，就未必出现降雨。所以观云并非易事，正如李商隐所言："座中醉客延醒客，江上晴云杂雨云。"

荚状层积云，给山戴的帽子很华丽，它是通过迎风坡的凝结和背风坡的蒸发，保持动态平衡，所以"帽子"的外观形状比较稳定。所谓"偶

然"，是指已经成形的积云，被风吹着，恰巧路过山顶，它并不是气流抬升凝结的结果，所以不能预兆此山后续的天气变化。我们以为是"帽子"，其实只是访客，只能说云太高或者山太矮而已。印象中，哈萨克斯坦的一句谚语很有趣：云能飘过的山峰不算高。

如果帽子戴上之后，没有增大或者加厚，也很难下雨。所以是有雨山戴帽，而不是戴帽山下雨。如果帽子依然很大，但是逐渐抬高，反而是转晴的标志，正所谓有雨山戴帽，快晴帽抬高。如果帽子"罩"不住山，便很难下雨。

还有一句谚语，叫作南山没戴帽，北山虚热闹。是说暖湿气团往往从南边来，南山的水汽条件还不具备成云致雨的条件，就更轮不到北山了，北山有点风有点云也只是瞎起哄而已。

还有一句流传甚广的谚语与"罩"相关：山罩雨，河罩晴。

所谓山上的罩，是指低云；河面的罩，是指雾气。

虽然都是水汽，但不同的"罩"所反映的是不同的天气形势。山罩代表的是动，它体现着对流旺盛，是上升运动所致；而河罩代表的是静，它是由于辐射降温，河面的水汽凝结，是静稳状态所致。

● **日晕三更雨，月晕午时风**

所谓晕，是指围绕日月的彩色光环，内红外紫。是光线经过卷层云时，由于冰晶的折射作用而形成的。

如果仅是"散兵游勇"般的卷云，不会造成晕；如果是铺展开来的层云，那遮蔽了日月，同样不会造成晕。

卷层云很高，至少5公里以上。白色，如丝如缕，由冰晶组成，看起来弱不禁风，很纤弱的样子，不像是能"兴风作浪"的云。

出现卷层云预示着什么呢？

卷层云往往出现在气旋（包括台风）或锋面的前方，在它的后方和下方往往是可能带来风雨的高层云或者雨层云，故卷层云及其造就的晕，是风雨的前兆。所以有"一番晕添一番湖塘"的说法。

英语的气象谚语中也有这样的说法：

If a circle forms round the moon，it will rain or snow soon.

夜晚抬头看月亮，如果看到有光圈环绕，那么很快要下雨或下雪了。

白天有了日晕，三更时下雨；夜晚有了月晕，中午时起风，体现了天气系统的移动速度。所以当卷层云出现时，即使没有形成晕，也是在给我们提个醒儿：天气要变了！沿海一些地区的人们往往把卷层云当成"鸡毛信"，通过观察它的变化，来判断台风还有多远。

还有一句谚语，叫作：日柳风，月柳雨。似乎与"日晕三更雨，月晕午时风"有些矛盾。

实际上这两则谚语的写法都与古代诗词中"互文"（互辞）的修辞方式有关，即两件事之间的相互呼应。例如："烟笼寒水月笼沙"，说的不是烟雾笼罩着寒水，月光笼罩着沙滩，而是烟雾与月光笼罩着寒水与沙滩。例如，"秦时明月汉时关"，不能理解为月是秦时月，关是汉时关，而是秦汉时的明月照耀着秦汉时的边关。

Halo around the sun or moon，rain or snow soon.

When halo rings the moon or sun，rain's approaching on the sun.

英语中的这句谚语表述得朴素而清晰，说的就是将日晕和月晕归为同类的预兆。

在与丹麦的一位资深气象主播谈起这则谚语时，他说丹麦谚语的说法是：

Hjul om sole varsler omslag inden tre dagc.

(Wheel round the sun forecasts weather change within three days.)

（倘若太阳有光圈，三日之内要变天。）

它表述得更为宽泛，依照日月之晕只能预兆三日之内天气可能发生变化，而并未精确地界定具体的时段。

世界上最早的云图集——明代的《白猿献三光图》记述了许多根据天文气象推断天气的方法。

例如：

东西黑白云来掩日，无风自长，两边会合，主当夜子时有暴风猛雨。

这是依照云与太阳的相对方位来预判风雨。

满天淡白云若鱼鳞，散后日色无光。主有大风七日。黄石公曰：云势若鱼鳞，来朝风不轻。

这是依照云状与太阳亮度来预判风。

月晕，主来日有风。看缺在何方，即风起之何方也。

这是依照月晕缺口的方向来预判风的来向。

但在日晕、月晕预兆风雨的前提下，怎样细分谁主风，谁主雨呢？

如果天气系统午时"光临"本地，本来这时热力对流就比较旺盛，那样风更凶猛，可能风雨交加；如果天气系统三更时"骚扰"本地，此时气温较低，凝结条件很好，虽然风不强，但雨更容易持续。

《田家五行》中这样描述：月晕主风，日晕主雨。何方有阙，即此方风来。

如果晕圈出现缺口，那么缺口的方向，即风的来向。

所谓"主"，不是单一和绝对的，还要有其他现象来佐证。

所以即使出现了卷层云所"导演"的晕，但会导致风还是雨或是风雨交加，不能单纯依照日晕或者月晕来判定，还要看云色是不是变浓了，云体是不是下降了。

如果没有显著的变化，或许只是起初的卷层云"谎报军情"，气旋或者锋面滞留了、减弱了或是改道了。

不过，只怕是雾霾一多，日晕、月晕都看不大清楚了……

看云，需要分季节，分时段，分走向，分方位，分动态，分形状，分颜色……

为什么要这么细腻地看云？

一则英语谚语说得透彻：

The more cloud types present the greater the chance of rain or snow.（云的类型越多，雨雪的概率越大。）

按出现的时间看：

春看山头，冬看海口。

二八月，看巧云。五六月，看恶云。

一更起云二更开，三更不开雨就来。

早怕南云涨，晚怕北云推。

清晨宝塔云，下午雨倾盆。

早晨浮云（碎层云）起，明天有雨神。

早晨浮云走，白天晒死狗。

日暮胭脂红，不雨也有风。

晨云走东，晒煞艄公；晨云走西，大水冲溪。

肯尼亚斯瓦希里语中也有以云占雨的谚语：

Dalili ya mvua ni mawingu.（云是雨的先兆。）

在聊这句谚语时，肯尼亚的一位气象主播说，大家更认为晨云是雨的先兆，因为如果把雨比作成人的话，那么晨云就是它的少年时代。

按云的走向看：

云跑西，披蓑衣；云往东，一场空。

云往东，一阵风；云往西，水涟漪。

云往东，刮干风；云往西，趟稀泥。

云往南，猴子搬水缸；云往北，雨点打破脚。

云往西，稀泥糊糊擦圪膝；云往北，打倒麻子带倒谷。

云往东，一场空；云往南，水推船；云往西，落汤鸡；云往北，发大水。

北宋孔平仲《谈苑》中记录的是：

云向南，雨潭潭；云向北，老鹳寻河哭；云向西，雨没犁；云向东，尘埃没老翁。

云走东，雨无踪；云走西，披蓑衣；云走南，水满田；云走北，雨没得。

以云的走向推断晴雨趋势，这是看云谚语中“资历”最深的一类。

英语中也有类似的谚语，是以渔民的视角：

When the wind is blowing in the North,

No fisherman should set forth,

When the wind is blowing in the East,

It's good neither for man nor beast,

When the wind is blowing in the South,

It brings the food over the fish's mouth,

When the wind is blowing in the West,

That is when the fishing's best.

言语之间，感觉西风最好，南风亦佳；若是北风，出海有风险；若是东风，居家亦不安。

按云的方位看：

乌云集西，大雨凄凄。

西北恶云长，雹子在后响。

南边上云头，雨阵最风流。

东南云上不来，上来没锅台。

东山涨云，涨死不淋。

通常情况下，云一般向东移动，所以在其西侧只能围观其云，无法分享其雨。相反的谚语是：东明西暗，来不及撑伞。

按云的动态看：

云碰云，雨淋淋。

定云下大雨。

云向上，大水涨。

云高慢走是晴天，云低快跑有雨来。

云跑上，雨不让；云跑下，晒田坝。

云像鸿雁飞，没雨；云像麻雀窜，有雨。

云相渗，推倒山；云相磨，水成河；云回头，雨乱流。

逆风行云天要变。

英语版本是：

If clouds move against the wind，rain will follow.

按云的形状看云：

天上钩钩云，地上雨淋淋。

马尾云，雨来临。

馒头云，晒干塘。

天上鱼鳞斑，晒谷不用翻。

早晨棉絮云，下午雷雨临。

西方菩萨云（指积雨云），大雨快来临。

英语谚语：

When clouds appear like rocks and towers, the earth will be washed by frequent showers.（若云像石像塔，大地经常被雨洗刷。）

按云的颜色看：

乌头风，白头雨。

黑龙护世界，白龙坏世界。

黑云吓人，黄云下雹。

黄云翻，冰雹天。

天上灰布悬，雨丝定连绵。

云吃火，没处躲；火吃云，不要紧。（火，指火烧天，即霞。）

冬天铝灰云，大雪后边跟。

太阳落山云变色，浓是雨，淡是晴。

黑云红梢子，天上下刀子（冰雹）。

云似水墨画，蓑衣不用挂。

英语谚语：

When clouds look like black smoke a wise man will put on his cloak.

（云像黑烟冒，智者穿外套。）

Evening red and morning grey are two sure signs of one fine day.

（晨灰暮红天气好。）

日语谚语：

青夕焼けは大風となる。

（夕照变青，必有大风。）

看日月星辰：

早上刺如须，晚上遍地流。

早晨太阳露猫脸，雨下三天不住点。

早上日头辣，晚上有滴答。

早上红艳艳，中午雨绵绵。

太阳穿外套，无风雨也到。

太阳打伞，有雨在喊。

日头戴帽，风雨必到。

日圆（日晕）怕过午，打破龙王神的鼓。

朝日风狂，午后云遮，夜雨滂沱。（明代冯应京《月令广义》）

朝日烘天，晴风必扬；朝日烛地，细雨必至。（明代徐光启《农政全书》）

很多谚语，同样的思路，但有着不同的表述方式，或质朴或华丽，或直白或委婉。直白的，不绕弯子，便于运用，比如早盆晴，晚盆阴。用现在的话说，就是简单、委婉的，余味悠长，并且蕴涵人文情境，比如早晨发霞，等水泡茶。

丹麦气象主播 Jesper 先生讲述过这样一则丹麦谚语：

Efter streng frost skal det blæse så kraftigt，at nitten kællinger ikke kan hold den tyvende ved jorden，før vi får tø！

（寒流降温后必有大风。十九个女巫都拉不住第二十个女巫，使其留在地上，直到风停！）

这则谚语的前半部分简洁清晰，后半部分颇有余味，它反映了当时社会的人文背景。谚语留存着不同国度、不同年代的社会痕迹，读来趣味盎然。

虽然文辞华丽的谚语更容易被文人编纂的典籍所收录，但毕竟天气谚语更多是凭借口口相传的应用而被人们认可。流传最广的，往往是洗尽铅华的谚语。

日落云中走，雨在半夜后。

日头伸腿龙张嘴。

月牙张弓，多雨少风。

月披云，雨淋淋。

月亮发毛，有雨如瓢。

月环没口就是雨，月环开口就是风。

太阳打伞，冲破田坎。

月亮打伞，干断田坎。

日晕长江水，月晕草头空。

星星稠，晒死牛；星星稀，淋死鸡。

有天河，无地河。

明星照烂地，明日依旧雨。

一个星，保夜晴。

春怕明星夏怕晴。

星星眨眼，有雨不远。

星光照湿土，石头沤出菇。

伏天"祈雨"，小暑雨如银，大暑雨如金。7月和8月，茶农们巴不得能来一场台风雨，但到了采茶期，倒要"祈晴"。连绵阴雨虽不多，但午后的热对流常常是麻烦制造者。

以前各个村里都有民间的"气象哨"，既参考天气预报，也得盯着各个山头的云。十里不同天，各个"局部地区"老天爷的脸色差别太大了！

我们来看看乡村的气象爱好者为了验证谚语做过的几组实验。

因茶闻名的福建安溪

● **谚语 1：**

太阳穿蓑衣，有雨无日期。

所谓"太阳穿蓑衣"，是指下午三四点钟，太阳周围有透光高积云或透光层积云存在，太阳光线穿过云缝儿，直射下一束一束的光线。这一束束的光线好似蓑衣。

"有雨无日期"是指出现这一现象后，未来一到三天内可能会有降雨。

如果"太阳穿蓑衣"当天东南风比较大，云层又很快变厚、变低，雨会来得快。当天夜里或次日上午将会有雨。所以也有晚起东风连夜雨的说法。

如果当天东南风不大，动植物征兆也不明显，降雨则会延后一些。

这一实验在 7 年间共观测到"太阳穿蓑衣"48 次，未来一到三天内下雨 45 次。

- **谚语 2：**

  白云接日高，明日晒断腰。

  傍晚太阳快落山时，西方地平线上只有一些透光高积云或少量淡积云。

  太阳落山时，穿过透光高积云之后，在云与地平线之间，可以看到整个通红的圆圆的太阳悬挂在地平线上慢慢落山。而且日落时，天空没有其他云层，即"白云接日高"，表征未来天气稳定。

  这条谚语基本上全年适用。实验中，"白云接日高"之后最长出现连续 6 个大晴天。

- **谚语 3：**

  乌云接日低，有雨半夜里。

  太阳落山前，贴近地平线上方有蔽光高积云或蔽光层积云出现，而且云层又厚又低。太阳一进入云中，就不见了。随后云很快上涨。如果突然出现这种情况，尤其在久晴的夜晚，未来一两天就会有雨。

  这一实验在 4 年间共观测到"乌云接日低"89 次，短期之内出现降雨 79 次。其中，"有雨半夜里"45 次，第二天出现降雨的 18 次，第三天出现降雨的 16 次。

  令气象爱好者们最自豪的一个案例是：刚过白露节气，该摘棉花的时节，连晴之后出现"乌云接日低"。根据这一现象并结合动物的反应，气象爱好者们果断认为即将出现降雨过程。结果次日傍晚开始下雨，一连阴雨 4 天。

  很多气象爱好者，或许说不出许多科学道理，但具有科学精神，能够基于实证并做出综合判断。

  品读谚语，未必需要解析并试图使它成为专业预报中的依据，而是藉由它，使我们时刻懂得接地气。正如一位同行所言：眼看着天，脚踩着泥。科学并不嫌弃乡土气息，一直寻找着和大众的共同语言。

现在，我们常常以"不经历风雨，怎么见彩虹"来励志。在古人眼中，彩虹是不可多得的"天物"，被视为祥瑞。而彩虹同样可以用于占卜晴雨。《诗经》中就有这样的词句："朝隮于西，崇朝其雨。"是说：如果早晨在西方出现彩虹，不到中午就会出现降雨。

南虹旱，北虹雨。

东虹日头西虹雨。

虹高日头低，早晚披蓑衣。

南虹天子北虹臣。

虹淹雨，下一指；雨淹虹，下一丈。

早虹雨，晚虹晴。

沃虹尿，会白头毛。

彩虹世界纪录：8 小时 58 分钟
位于台北阳明山的"中国文化大学"，2017 年 11 月 30 日，观测到持续 8 小时 58 分钟
（06:57—15:55）的"全日虹"，创造新的世界纪录并获得吉尼斯世界纪录的认证

沃，指淋、浇。俗称天空一边出现彩虹，一边下雨，谓之"落虹尿"。此时雨水若淋到头发上，有可能使头发变白。这应该是长辈怕孩子淋雨的善意谎言。

尽管在古代，虹被视为阴阳交会之气，但很多学者都曾提出比较正确的观点。

唐代孔颖达解析：云薄漏日，日照雨滴则虹生。

宋代沈括揭示：虹，雨中日影也，日照雨即有之。

英语谚语：

Rainbow in the morning gives you fair warning.（早虹晴。）

Rainbow at noon，more rain soon.（午虹雨难停。）

有时候，晴也能成为下雨的预兆，根据清代台湾地方志的记载：

内山终岁不离云。或冪于顶，或横于腰……偶于侵晨片晌，翠黛笋簇，望之如洗。须臾即云合矣。若日中云收，峰峦可数，必不日而雨。海内之山，未有以清朗为雨候者。

常年云遮雾罩的山峰，一旦云消雾散，反倒是即将下雨的征兆。

实际上除了仰视，人们也通过平视和俯视，来推测未来的晴雨。雾、露、霜同样是晴雨的预兆。

● 霜露雾，洗衣裤

无论是露是霜，都是晴天的产物。入夜之后，辐射降温。在水汽含量和气压均不改变的条件下，空气中容纳水汽的能力降低，当达到露点（Dew Point），即空气中水汽达到饱和时的温度时，便结为露水。

而当近地面温度低于0℃时，露便会凝华为霜。所以露和霜，都是在大气稳定状态下夜间冷却的状况下形成。雾中的主要类别——辐射雾的形成，也是类似的原理。空气中丰富的水汽，由于温度下降，多余的水汽凝结或与微尘颗粒粘接，就会形成雾。

所以霜、露、雾的出现，共同点是因为温度降低，显得水汽"多余"了，它们最容易发生在日出前，因最低气温大多出现在这个时段。当日出之后，温度上升，空气可以"包容"更多的水汽，不至于饱和，它们也就渐渐消散了。

所以，看到露、霜、雾的清晨，可以比较坚定地推断晴天。

冬霜猛日头。

春霜不隔宿，霜重见晴天。

严霜出呆日，雾露是好天。（呆，意为明亮）

早晨雾，晒破肚。

英语中也有类似的谚语，例如：

When dew is on the grass, rain will never come to pass.

（草上露珠，告别降雨。）

Evening red & morning grey are the signs of a fine day.

（晚霞和晨雾，都是晴天之兆。）

Morning grey is sure of a fine day.（早晨有雾天气好。）

A misty morning may have a fine day.（有雾的早晨预兆晴天。）

A summer fog for fair, A winter fog for rain.（夏雾晴，冬雾雨。）

当然，霜和露还好说，"早晨有雾天气好"这句话放在如今似乎难以服众。因为早晨是雾，太阳一出来，温度上升，雾转化为霾，依然是灰蒙蒙的，差别仅仅在于相对湿度的变化，一连几天，都可能是雾转霾、霾转雾的雾霾"二人转"。

常言道：

春雾晴，夏雾水，秋雾凉风，冬雾雪。

春雾花香，夏雾热，秋雾凉风，冬雾雪。

当然这只是笼统的说法，（农历）逐月的雾也被梳理出显著的差异：

三月雾，有雨在半路。四月雾，米麦满仓库。

五月雾，水漫路。六月雾，晒死兔。

七月雾烂花（棉花），八月雾偷稻，九月雾露稻郎中。（浙江）

- **雾下山，地不干**

诗人说，云是山上的雾，雾是地上的云。云与雾，常常很难区分。似乎只好以接地不接地来区分了。

所谓"雾下山"，说的不是雾，而是指山上的云接近地面的现象。

云如果很高，相对超脱，*丝丝缕缕的卷云*不会造成降雨；云如果很低，云底黑压压地，接近地面，说明水汽很充沛，凝结很容易，也就很可能造成降水。

但平常所说的雾，大多是辐射雾。所谓辐射雾是夜晚晴朗的结果，夜晚晴朗，地面的辐射降温毫无障碍，清晨时气温很低，空气中的水汽饱和凝结为雾滴。但日出之后气温升高，水汽不再饱和，雾气便迅速消散。所以也有"十雾九晴"的说法。但有的时候，大气污浊，雾后不是晴，而是霾。雾霾交替，往往"十雾九霾"了。

真正利用雾的变化来推测天气的个例很多。比如：

雾上山，大路不干；雾下河，晒破脑壳。

雾上界，大雨来得快；雾下河，晒死禾。

雾沟晴，雾山雨。

是说雾上山容易下雨，雾下山（河）容易晴天。从前甚至有人将"雾下河"作为推测久雨转晴的一项重要指标。

类似的个例还有：云吃雾下，雾吃云晴。

是说雾散之后，来了云，可能下雨；云过之后，起了雾，可能晴天。

英语中也有以雾预兆晴雨的谚语，比如：

When the mist comes from the hill，then good weather it doth spill，

when the mist comes from the sea，then good weather it will be.

（雾从山上来，好天气会变坏；雾从海上来，好天气依然在。）

雾的不同形态和动态可能表征不同的天气走势：

雾进村，晒断筋。

雾露下坝，石头晒炸。

白雾贴地躺，望雨是空想。

雾脚平，天大晴；雾脚乱，雨来换。

早晨起了雾露，晌午晒破葫芦。

早上雾，晒破肚；晚上雾，淋得鬼上树。

雾露不收即是雨。

雾露不收，细雨不休。

收不起雾，赶不起路。

早晨蒙蒙，下午晒死雷公。

单雾日头双雾雨。（一天出雾，晴；连续两天以上出雾，很容易下雨。）

晴久日烧香，大雨定猖狂。（日烧香，指雾气缭绕）

大雾不过午，过午必有雨。（现在往往是大雾不过午，过午转成霾。）

土雾天（指古时的霾，现在所说的浮尘），要风颠。（但现在往往是盼着风颠，偏偏静稳，万事俱备，只欠北风。）

大雾不过三，小雾晴九天。可是现在过三的大雾也不少，连晴三天的日子并不多。

从前"天无三日晴"特指贵州。但实际上这则谚语现在已经可以泛指秋冬时节雾霾盛行、难以连晴的众多地区。

三朝迷路起西风。连续三天晨雾弥漫，就会有冷空气来临。从前，谚语说空气一脏，云就成帮，但现在是空气一脏，雾霾嚣张。

露吃霜，不雨也风狂。

雾吃霜，人吃糠。

雾露与霜之间不同的互动关系，也可能预兆不同的天气。

细心的人会发现，不同风向会结成不同形状的霜。凡吹西北风结成的霜，都是颗粒带刺状，早上脚踩上去，会有发脆的响声，这种霜预示天气晴朗。凡刮乱风所结的霜则是粉末状的，早上脚踩上去带有黏性，这种霜预示可能会出现降水。

- **以雨占雨**

未雨之时，观察风云，占卜雨泽。已经下雨，还要以雨占雨。

通过观察降水的形态，判断雨的强弱、急缓，判断雨的分布，判断降水所带来的得失，判断降水与其他季节降水的对应关系。

夏雨隔条绳，秋雨隔条路。

晏雨难晴。

早雨晏砍柴，晏雨家中打草鞋。

早雨不过午，晚雨打更鼓。

开门见雨饭前雨，关门见雨一夜雨。

日语谚语是这样表述的：

夜上がり天気雨近し。（夜雨停，天不晴。）

有时夜雨即使停了，也是暂停，往往还会拖泥带水地纠缠着人们。所以人们更觉"夜雨日晴"的可贵：

夜雨日晴，粮食没处盛。

天下太平，夜雨日晴。（这样安排降水，也不误农时。）

开门雨，饭了晴。（开门时下雨，吃完早饭就晴了。）

早雨不过卯，一天零碎搞。（清晨的雨下不过7点，只是零敲碎打的阵性降水。）

雨不过午，风不刮酉。（午时：11—13时；酉时：17—19时。）

通过降水的发生时间可能做出对雨的情况的判断，通过降水来自什么方向，同样也可以做出判断：西南阵，单过也落三寸。

来自西南方向的降雨，往往是"重量级"的，即使匆匆过路也能随手落下三寸雨。所谓三寸，当然只是非量化地形容多而已。如果一定要量化，三寸降水量是多少？100毫米。即使均匀下在24小时时段内，也是一场大暴雨。如果匆匆路过，就算耗费一个小时吧，狂降100毫米，那相当于一小时就下了六场暴雨！这当然是人们夸张又形象的说法。

雨边下着，人们边观察着，于是有了这样的谚语。

亮一亮，下一丈。

久雨云层亮一亮，下雨一千丈。

三寸就不得了了，一丈、一千丈是怎样的铺天盖地呢?！所以对于谚语中的数与量，不能严苛地量化，不能仔细地较真。它所表征的是长与短、多与少、急与缓，以夸张的方式。

"雪"字，起初是指有"羽毛"像下雨一样从天飘落。后来，"雪"字里面有了一把扫帚，表示还要扫雪。

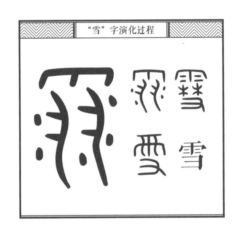

"雪"字演化过程

● **夹雨夹雪，无休无歇**

所谓雨夹雪，是下的时候既有雨，也有雪，雨雪混杂。是雨夹雪，不是"雨加雪"。

为什么会有雨夹雪?

雪花形成之后，逐渐飘落，如果下落过程中，"一路上"温度都低于0℃，就是完好的雪，很蓬松，就是所谓的干雪。

如果下落的过程中，有一段"路"温度高于0℃，而且这段"路"足够长，温度足够高，雪花便融化为雨滴，也就变成了一场雨。

如果"路"不长、温度只是稍稍高于0℃，雪只略微融化一点点，便是湿雪，也就是容易捏成团、攥成球，适合打雪仗的雪。

如果有些雪花融化了，有些还没来得及融化，落在地上时有雨有雪，便是所谓的"雨夹雪"。

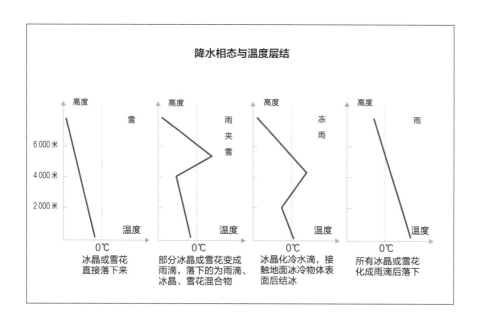

夹雨夹雪，无休无歇。这则谚语所说的，不是出现雨夹雪就会持续很长时间。它表示的是，如果一个地方时而下雪，时而下雨，时而雨夹雪，降水相态随便变换，就很容易持续下去，很难停歇。

降水，是冷暖空气对峙造成的。如果由雨转雪，说明冷空气增强、暖空气减弱；如果由雪转雨，说明暖空气增强、冷空气减弱。

只要有一方占据决定性的优势，双方对峙的局面就很容易被打破，迅速分出胜负，降水也就很快结束了。

倘若降水相态"胡乱"变化，说明你刚显强势，对方的援兵就到了；他刚占据上风，你又得到了增援，双方只能原地进行拉锯战，谁也无法突破。只能等到一方的给养耗尽，才有可能结束战斗。所以"夹雨夹雪"的这种战役，战线长，历时久，难以速战速决，是一场消耗战。

还有一种固态降水，既不是雪，也不是雹。颗粒像米粒一样，无光泽、不透明。比雹柔软、松脆，又没有雪那样舒展的"花儿"。这种颗粒被称为霰，它还有很多别称，比如软雹子、雪豆子、雪糁子等。

雪花，是云滴直接凝华，静静长大的。之所以能够静静地长大，是因为云内上升气流比较弱，不折腾。而霰是在上升气流比较强的情况下，雪晶在云中翻滚，乱折腾，碰撞到过冷云滴，合体之后冻结而成。由于冷暖气团交锋，刚开始对流相对旺盛，容易制造出霰。所以霰往往先于雪出现，《诗经》中就有"如彼雨雪，先集维霰"的描述。霰的出现，只能说明冷暖空气之间的战斗一度比较激烈，无法说明战斗的持续性。

一场秋雨一场凉，三场白露一场霜。

毛雨接大雨，屋满用盆盛；大雨接毛雨，天气定然晴。

先毛毛不雨，后毛毛不晴。

先蒙蒙终不雨，先漾漾终不晴。

一点雨似一个钉，落到明朝也不晴；一点雨似一个泡，落到明朝未得了。

英语谚语：

If the rain comes before the wind, lower your topsails, and take them in, if the wind comes before the rain, lower your topsails, and hoist them again.

（如果先雨后风，就收起帆；如果先风后雨，再扬起帆。）

也就是说，先雨后风，风雨历时长；先风后雨，风雨历时短。

不过，夏季时常先风后雨，秋季时常先雨后风。

● **雨前有风雨不久，雨后无风雨不停**

我们都熟知一句诗：山雨欲来风满楼。

高耸的积雨云，存在着强烈的辐合和上升的气流。在降雨之前，便提前向人们"打招呼"，妖风四起，尘土飞扬。然后伴随着雷鸣电闪，噼里啪啦地下起雨来。

但是这样的降雨往往是热对流所致，当积雨云将自身的"积蓄"消耗殆尽，降雨很快就趋于结束了。

这种降雨虽然急促但往往短暂，大多发生于午后到傍晚。有些在清晨时分便有征兆。谚语说：朝有破絮云，午后雷雨临。如果早晨起来就能看到破絮一般的絮状高积云，就说明本地存在乱流。早晨时分，刚刚经历了辐射降温，大气应该处于最稳定状态。如果早晨就有破絮云，证明大气存在扰动，已经处于不稳定状态。太阳出来之后，热力不稳定加剧，就很可能酝酿成午后的雷雨。

反倒是那些看似和缓的降雨，更具耐力。降雨之后，如果没有风，胜负未定，降水系统还在"原地踏步"，后续的交战在所难免。

是先雨后风，还是先风后雨，可以判断降水的持续时间。同理，先雷后雨，还是先雨后雷，也可以推测降水的持续时间。其中最著名的谚语，就是：雷公先唱歌，有雨也不多。

夏季，经常可以看到乌云翻滚，"轰隆轰隆"或者"咔嚓咔嚓"地雷声炸响。以为可能暴雨倾盆。雷声大，确实雨点也不小。但"形式主义"地下过一阵儿之后，就放晴了。

为什么会这样呢？

如果依据形成原因，雷大体上可以分为两种：一种是冷暖空气交战所造成的，称为锋面雷；一种是由于本地冷热不均的热对流，暖空气"内讧"所造成的，称为热雷。

冷暖空气交战，战场开阔而战局复杂，故锋面雷的持续时间长，雨量一般也很大。

但是热雷，基于本地，与"外敌"无关。只要"快刀斩乱麻"地解决了冷热不均的内部问题，雷和雨便都结束了。

就雷和雨的发生次序而言，锋面雷，往往是先下雨后打雷，冷暖气团先有小规模接触，后有大规模战事。热雷，大多是先打雷后下雨，对流强盛，积雨云看起来声势很大，但一"亮剑"，战事很快就平息了。

所以，"雷公先唱歌"说的是热雷。做事"雷厉风行"，范围小，时间短，于是"有雨也不多"。

就连中国最早汇集民间天气谚语的《农家谚》（东汉）也收录了类似的谚语：未雨先雷，船去步回。

在实际的观测中，有人这样划分："唱歌"的雷，有闷雷和响雷之分，如果是闷雷，不是源自本地，说明雷雨范围很大，所以闷雷响天边，大雨雨连天；如果是响雷，说明就发生在自己这"一亩三分地"上，所以雷公先唱歌，有雨也不多。

古人说：凡雷声响烈者雨阵虽大而易过；雷声殷殷然者，卒不晴。

还有很多谚语，表达的是相同的意思：

雷声送雨，雨声收；雷声接雨，雨没头。

雷先雨后旱裂天，水中加雷雨连天。

先雷后雨，雨脚短；先雨后雷，雨脚长。

不怕炸雷震破天，就怕闷雷挤磨眼。

横雷有大雨，直雷是小雨。

雄雷（炸雷）主旱，雌雷（闷雷）主雨。

不怕硬雷响破天，就怕闷雷连轴转。

先雷后落，唔够洗镬（铁锅）。

先雷后雨不用忙，先雨后雷没处藏。

先雷后雨淋湿地，先雨后雷无地下。先雷后雨，雨不多，淋湿地皮而已。但如果先雨后雷，雨就会很大，使大地无法容纳。

先打雷，后下雨，顶多是场大露水。其实，不敢说是一场大露水，历时可能很短，雨强却或许不小。

雷公天天叫，没有多少料。每天都通过对流进行一番能量释放，反倒不会积攒成一场强盛的降水。

拉磨雷，横闪电，黑云带边有雹子。而如果先雨后雷，闷雷横闪电，乌云还镶嵌着红色或金色的边沿，就很可能出现冰雹。

顺便说句题外话，有立志减肥的朋友说："我要瘦成一道闪电！"其实，闪电也有胖有瘦，有枝状闪电，还有球状闪电。

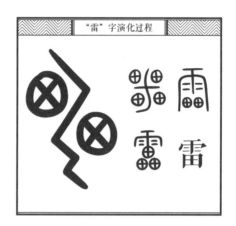

"雷"字演化过程

　　起初的"雷"字，中间的线条代表闪电，圆圈代表隆隆雷声像车轮一样滚滚而来，而且一般还会下雨。

　　南暴烈，北抛斜，东雨上来叫爷爷。

　　东闪晴，西闪雨，南闪北闪大露水。

　　南闪半年，北闪眼前。

　　一夜起雷三日雨。

　　正月雷鸣二月雪，三月泥坯硬如铁。

　　八月的雷遍地贼。

　　不同方向的雷、不同时节的雷，都有着不同的寓意。

　　东扯日头西扯雨，南闪火门开，北闪有雨来。

　　夏季的雷雨，可分为两种：一种是锋面雷雨，比如冷锋雷雨、飑线雷雨；一种是局地热雷雨。

　　冷锋空间尺度大，乐于协同作战；飑线空间尺度小，乐于单兵作战。

　　这则谚语所描述的是锋面雷雨，"扯"是指雷电在天空中"东拉西扯"

的样子。

冷锋是自西向东或自北向南地推进。如果本地的西侧或北侧出现雷电，说明冷锋即将来临，导致降雨；如果东侧出现雷电，说明冷锋已过，即将晴朗，所以雷打东，一阵风；雷打西，披蓑衣。如果南侧出现雷电，说明冷锋渐行渐远，本地将晴朗干燥，易于升温，仿佛打开了"火门"一般。

东闪西闪是空骗，南闪停三天，北闪有雨来。

北闪有雨来，是锋面即将过境；南闪停三天，与"南闪火门开"一样，都是表征同样的天气，前者侧重降雨停歇多久，后者侧重气温上升趋势。所谓东闪西闪，不是锋面雷雨，而是本地的热雷雨。云就在头顶，一会儿东边电闪，一会儿西边雷鸣，但一个云团的"内部矛盾"很快就会解决。东闪西闪地看似很热闹，但很可能只是骗来关注，没有什么降雨就"完蛋"了。

东闪西闪，晒煞泥鳅黄鳝。

东霍霍，西霍霍，明天转来干卜卜。

说的都是本地的积雨云东闪西闪，能量快速释放之后，次日可能干热暴晒。

不过，即使是孤立的积雨云，只要有"援兵"，也会声势浩大地鏖战一番。

逆阵易来，顺阵易开。

顶风雷雨大，顺风雷雨小。

比如黑压压的云团由西到东，而本地偏偏吹东风，与云团狭路相逢，形成"逆阵"。这种"顶撞"，实际上为云团提供了大气辐合的气流支持。看似顶撞，实则支持！

一方面移动速度放缓甚至滞留，另一方面能量积聚、水汽交汇，促进云团迅速发展壮大，导致降雨升级。但如果本地是顺风，便使云团成为一个匆匆过客，加速耗散。

此外，是否降雨，与雷电的高度也有关联。古人说："雷高弗雨"。

其实雨本身也如此。有一种气象现象，叫作雨幡（rain virga）。它是一种空中降水现象，雨滴在下落过程中不断蒸发，还未落到地面就没了，只在云底如丝如缕地悬垂着。就像一些政策，落到实处的，是雨；半路被截留的，是雨幡。

● **秋雷扑扑，大水没屋**

夏天的雷雨，往往是热对流雷雨；秋天的雷雨往往是气旋性雷雨。秋季本应"雷始收声"，雷雨减少。

但如果气旋到来，引发雷雨，往往是大范围的影响，正所谓八月雷，不空回。如果气旋接二连三，降水持续，便可能引发"没屋"的雨涝。

这则谚语说得更直白：雷打秋，布袋却颠丢。（衣袋的口儿朝下，比喻谷物歉收。）

到了深秋至初冬，本应是干冷气团的地盘儿，如果还能够有雷声，说明暖湿气流过于强盛，呈现显著的气候异常，所以十月打雷，农夫倒霉。

正月打雷土谷堆，二月打雷粪谷堆，三月打雷麦谷堆。

土谷堆，意为疫病降临，坟头激增。

天气现象中，人们对雷电的疑惑和恐惧尤甚，特别是在不该有雷电的时节。

关于天气的其他旧俗已经淡化，但因为雷最凶悍，人们关于它的禁忌最多，对于它的敬畏消减得也最慢。

十月雷，阎王不得闲。

十月雷，人死用耙推。

意指十月有雷，主来年灾疫。农历十月进入初冬，也不该打雷了，所以民间有十月闻雷的忌讳，更别说是"冬雷震震"了。

古人所说的气象，实际上包括两个层面，一个是气，一个是象，因气至，而象成。因为气的变化，而造就候鸟来去、草木枯荣的象的变化。

这类谚语充分体现了"人海战术"的优势，一代又一代的人通过几乎无死角的观察、无禁区的思考，汇集了视野中可能与天气气候相关的各种线索。

在经典的物候历《逸周书·时训解》中，二十四节气的 72 个候应里，有 38 个是对动物的观察，11 个是对植物的观察，6 个是对水土的观察，加起来，观物象的候应占比为 76%。可见，在人们以物候揣测气象的年代，最重要的还是"察言观色"。换句话说，预测天气，我不行，但我能请到"外援"啊！我懂得借用其他生物感知天气的本能智慧啊！

大多数动物对于环境中哪怕是特别细微的变化，都保持着警觉和敏感。人们虽然自身感受天气的本能智慧虽然不如"别人"，但善于广纳"别人"的智慧，是更高的大智慧！

所以在当时的"气象台"里，各种动物主要负责天气，各种植物主要负责气候，即使是非生物，也经常受邀参与"预报"工作。

人们知道"巢居者知风，穴居者知雨，草木知节令"，自然界的"预报员"们也是"术业有专攻"。

在人们眼里，它们有的能够从事短时间的天气预报，有的能够胜任长时间的气候预测。按照《声律启蒙》中的归纳："天欲飞霜，塞上有鸿行已远；云将作雨，庭前多蚁阵先排。"鸿雁负责的是宣告季节更迭，蚂蚁负责的是预报天气变化。

这些最"基层"的预报员，哪怕是行动迟缓的蜗牛，小小的蚂蚁，也同样不会受到轻视。

● 蚂蚁封窝，大雨滂沱

汉代焦延寿在《焦氏易林》中便提出"蚁封穴户，大雨将至"的预报指标。

唐代黄子发的《相雨书》中，也有专门的章节以相草木、虫鱼、玉石候雨的记述：视蝗（蚂蚁）登壁者，将雨之候也。

英语中也有相同的谚语：

An open anthill indicates good weather, A closed one, an approaching storm.（蚁启户，天将晴；虫蚁封穴，天将雨。）

曾经读过一篇报道，说广西桂平的一位"土专家"，不满足于"蚂蚁垒窝有雨下"的谚语，于是经常跑到蚂蚁垒窝的现场观察各种细节然后与气象记录进行比对。他发现窝垒得越高，雨越大。蚂蚁窝高 1~2 厘米时，雨很小；高 3~4 厘米时，可能是中雨；高 5 厘米以上的，可能是大到暴雨。

而且，哪边垒得高，哪一侧雨下得大。在这些蚂蚁的"帮助"下，他在短短几年之内预报降雨量级（不仅预报雨的有无，还要预报雨的大小），共计二十多次，准确率超过90%。

记得2011年，"童话大王"郑渊洁先生，从家里出来，忽然发现门口的蚂蚁正在垒窝。他认为，估计是蚂蚁"气象台"预报当日北京有降雨，于是蚂蚁们正在根据"预报"紧急修筑"防汛工程"。他在微博上@我：为什么北京市气象台没有预报降雨呢？

我和同事讨论了一下，认为当日北京虽湿度加大、云量增多，但不大可能出现降雨。于是我在微博上告诉他，谚语说："蚂蚁垒窝天气变，蜜蜂出巢天放晴，蜘蛛结网大风起，鸡不入笼阴雨来"，您再看看鸡有什么反应？

当日北京的天气，最终只阴天未下雨。网友调侃道：不容易啊！人类气象台战胜了一次蚂蚁"气象台"！

但还有另一则谚语：蚂蚁满地跑，天气一定好。

英语谚语把蚂蚁满地跑分为两种情况：

When ants trave in a straight line，expect rain，when they scatter，expect fair weather.（蚂蚁直走，主雨；蚂蚁乱走，主晴。）

● **燕子低飞蛇过道，大雨眨眼就来到**

在降水到来之前，气压降低，湿度增大，有些鸟儿翅膀湿了飞不高，有些虫儿在巢穴里憋闷得难受出来透口气儿。所以降雨之前，很多小动物都会出来，烦躁地乱飞、乱窜。

气压低，气流乱，燕子飞翔时所得到的抬升力减小，尽管燕子这时比平常飞得累，但勤劳的燕子有虫儿吃，燕子低飞可以享受饕餮。

同样，由于气压和湿度的异常，蛇在穴中倍感空气污浊，并预感到"卧室"随时可能被雨水淹没，所以顾不得那么多，赶紧找个干爽、安全的地方，顺便可以在路上捕食。这些都是即将降水的征兆。

日语中，也有相近的天气谚语：

つばめが低く飛ぶと雨。

（燕子飞得低，就要下雨了。）

英语和德语中的谚语描述得更详细：

Swallows fly high when winds are light，so when they start flying low，storm is coming.（风轻燕飞高，燕子如果飞得低，说明风暴将至。）

Siehst du die Schwalben niedrig fliegen，wirst du Regenwetter kriegen.

Fliegen die Schwalben in den Höh'n，kommt ein Wetter，das ist schön.

（燕子低飞会有雨，燕子高飞天气好。）

如果是在湖畔、水塘边，则有另一些"预报员"大显身手：

- **泥鳅跳，青蛙叫，大雨到**

  蛤蟆唱歌鱼沉底，天上有雨意。

  在欧洲，气象节目主持人的通用 Logo（标识），就是一只青蛙。

  青蛙的皮肤对天气要素的变化非常敏感，而且它在感知天气变化之后，还会用"唱歌"的方式来进行"报道"。

自然界天气预报员

FESTIVAL INTERNATIONAL DE METEO

古人根据青蛙午前叫还是午后叫，叫声是急促还是舒缓，清亮还是喑哑，齐叫还是乱叫，总结归纳出众多的天气谚语。在人们眼中，它既能预报天气层面的晴雨，也能预报气候层面的旱涝，属于全能型的预报员。所以，从事气象预测的人才会把青蛙引以为"同行"。如果我在餐馆里看到有人点了干锅田鸡，我恍惚地会觉得，那不是一锅气象台台长吗?!

不光是中国，很多国家也都曾推崇青蛙的预报天赋。英语中有Frogcaster（青蛙预报员）的说法，德语中有 der Wetterfrosch（天气蛙）的说法。

在欧洲，青蛙被视为"天气预报员"（Weather Prophet）最早见于公元前 278 年，古希腊诗人阿拉托斯（Aratus）写道：如果青蛙在沼泽里一直单调地叫着，将有滂沱大雨。

实际上，在各个国家，都有借助物象预报天气、推测气候的习俗。

《悲惨世界》中有一段郊游时的片段：

宠姬说："孩子们，蜗牛在小道上爬呢，这预示着要下雨。"

一位女工都能够通过"蛛丝马迹"推测天气的变化，可见这习俗扎根之深，流传之广。

古希腊的《农事诗》中就有这样的描述："农夫如果看到鹤从河谷向上飞，可以预料到雷雨天气。"

在美国，依然有很多人乐于让土拨鼠充当春天的预测者。每年 2 月 2 日是专门的"土拨鼠日"（Groundhog Day），此时正是冬天过到一半儿的时候。土拨鼠爬出洞，如果看不到自己的影子（阴），就认定春天要来了；如果看得到自己的影子（晴），就扭头去睡回笼觉。6 周之后（相当于过了惊蛰）再出窝。

一些电视台会直播土拨鼠预测春天的"盛况"，天气预报也常常会以此作为谈资。

有专业人士特地在宾夕法尼亚州统计土拨鼠的预报"业绩",发现预报准确率只有39%左右。但喜欢这项传统的人们并不介意这些,人们在意的,不是土拨鼠"预报"的科学性,而是这个习俗的趣味性。人们并没有因为自己预报能力日渐强大就鄙夷那些小家伙。毕竟,无数的生物都曾在不同的历史阶段帮助过我们预报天气。我觉得在当今,有时候,某些天气谚语就像土拨鼠一样,人们并不太当真,却喜闻乐见。

英语谚语中不只土拨鼠,熊也承担类似的"预报"工作:

If it is fair weather on Candlemas, the bear returns to its cave for six weeks.(如果圣烛节是晴天,熊就会再冬眠六周。)

一般而言,小动物对气象变化的反应往往仅限于本地和短时。但有时对时间跨度较大的事情也会有反应,举两个例子:

一个是1966年的广东省普宁县。当地气象哨在1963—1965年仔细地研究天气谚语:立春前鲫鱼有卵,春水就早来。发现只有当鱼卵大而疏,位于腹下,身上黏液多,群集于浅水时,才是春水(华南前汛期)早来的征兆。1966年春节前,他们从不同地方捕来80多条鲫鱼进行解剖,发现50多条符合条件,于是准确地做出了当年春水会提前到来的预报。

另一个是《农政全书》中记载的个例。

鹊巢低,主水;高,主旱。俗传鹊意既预知水,则云:终不使我没杀,故意愈低。既预知旱,则云:终不使晒杀,故意愈高。

唐代《朝野佥载》中也说:鹊巢近地,其年大水。

它表述的是喜鹊如果预感今年涝，就故意把巢筑得低，心里说：你还能淹死我？如果预感今年旱，就故意把巢筑得高，心里说：你还能晒死我？

虽然古时候的记述略显夸张，但足以看出，在人们眼中，喜鹊是既具有灵性又具有个性的动物。

当然，这个记载与"喜鹊窝高是水年，喜鹊窝低是风年"的民谚并不吻合。

记得小时候看小人书，有一本叫《小雁齐飞》，说的是红领巾气象站的故事。同学们在除了常规的气象要素观测之外，还一方面向老农学习天气谚语，一方面在气象站里弄了4个玻璃缸，一缸养金鱼，一缸放泥鳅，一缸盛盐水，一缸装蚂蝗。

一次他们做出本地将出现六级风的天气预报，预报的主要依据是：（1）昨夜出现月晕；（2）半夜鸡闹是风兆；（3）今晨蚂蝗急于出缸，（4）气压下降。事后证明，他们对了！

让各种各样的"预报员"都有"发言"的机会，让诸多证据形成证据链。

● 燕子初归风不定，桃花欲动雨频来

这句古诗所描述的是春天的物候，当"似曾相识燕归来"的时候，顽皮任性的风还在乱刮，盛行风尚待确立。当桃花即将开放的时候，降水开始显著增多。用燕初归、桃欲华这两个证据，就可以初步判定盛行风和多雨季。

我们所在的季风气候区，每个季节都有最常刮的风，即所谓盛行风。在季节更迭的过程中，旧的盛行风行将退役，新的盛行风立足未稳。风不小，且风向总在变，给人一种"风未定"的感觉。

古人所描述的春分物候是"一候玄鸟至"，也就是燕子来了。

从全国平均而言，谷雨时节风最大。而在江南，往往是风力最大的是春分时节。

类似的诗句还有："相傍清明晴便悭。闭门空自惜花残。海棠半坼难禁雨，燕子初归不耐寒。"

到了清明时节，雨日增多，晴天开始变得吝啬，半开的海棠、初归的燕子难以忍受时断时续的雨和时起时落的风寒。

为什么古人那么喜欢观察物候，因为人们觉得物候是最可信赖的"预报"依据。古代人经常抬头看物候，现代人经常低头看手机。

鸟语花香，在现今或许只是一种时节之美。而在古人眼中，"花开管节令，鸟鸣报农时"，都是极富价值的物候标识，其中古人最常借用的便是燕子与桃花。考察桃花的物候记录甚至可上溯到《夏小正》。

《隋书·音乐志》中记载了人们"望杏瞻榆"的农事传统，何时开始春耕是看杏花，何时结束秋收是看榆树——"瞻榆束耒，望杏开田"。南朝

（陈）徐陵说的是"望杏敦耕，瞻蒲劝穑"，毕竟"杏花春雨江南"嘛。

在人们眼中，布谷鸟更是劝勉耕播、勿失农时的"好心人"。

布谷催春种。

立夏不立夏，黄鹂来说话。

雁过十八霜落地。一般雁过半个多月就可能有霜了。

虽然人们认为鸟类的"技术专长"是预测气候，但其实它们也可以预报天气。

东汉的《四民月令》中便有"鸦浴风，鹊浴雨"的观察。《禽经》中也有"鹳仰鸣则晴，俯鸣则雨"的说法。人们希望"预报员"最好是全能型的。自家饲养的家禽家畜，自然不会被放过。《三字经》有云：马牛羊，鸡犬豕；为六畜，人所饲。它们就在我们的身边，可以随时充当兼职的"预报员"：

鸡晒翅，天将雨。

鸡发愁，雨淋头。

鸡愁雨，鸭愁风。

鸭相骂，早骂日头晚骂雨。

要是鸭子们性情温和，和睦相处，似乎就当不成"预报员"了？

家鸡宿迟主阴雨。

要是有几只常失眠的鸡，可就对主人造成误导啦！

公鸡母鸡迟钻窝，两天之内风雨多。

人家成双成对地出去约会，回来晚点儿不可以吗？

公鸡在哪儿打鸣，什么时候打鸣，也成了预报依据：

德语谚语：

Kräht der Hahn auf dem Mist，ändert sich das Wetter，kräht er auf dem Hühnerhaus，hält das Wetter die Woche aus.

英语谚语：

If the rooster crows on the manure pile, the weather will change，if he crows on the chicken coop，the weather will last the week.（公鸡在肥料堆上打鸣，天气将变。公鸡在鸡笼上打鸣，天气会持续一周。）

英语谚语：

When a rooster crows at night there will be rain by morning.

（晚上公鸡啼叫，早上有雨报到。）

下雨了，鸡选择避雨还是不避雨，也成了降雨持续性的判断指标：
小鸡顶雨吃食不晴天。

丹麦谚语：

Når høns bliver ude i regnvejr er det heldagsregn men går de ind er det en byge.

英语谚语：

When hens，those laying eggs，stay outside in rain the rain will continue the whole day but if they go inside it is a showet.

（产蛋的母鸡待在室外，雨会下一天；如果回室内，那就是阵雨。）

人们是在猜测：想必鸡可以预知这场雨会到什么时候结束。如果只下一阵儿，就忍一忍，躲避一下。如果老不停，就只能硬着头皮，冒着雨，赶紧吃饱了再说。

公鸡愁，晒破头；母鸡愁，顺水流。

公鸡发愁晒破头，母鸡发愁淹水牛。

在人们看来，公鸡、母鸡还各管一摊儿呢！

公猪刨栏晴，母猪刨栏雨。

这也是典型的雄性主晴、雌性主雨的思维。

猪闹圈，天要变。

雨后猪乱跑，天气要转好。

英语中也有以猪收集柴草来预报降雨的谚语：

Pigs gather leaves and straw before a storm.（猪敛柴草有风雨。）

猪在预报方面的智商经常被低估。在很多人的眼里，猪似乎只会傻乎乎地吃。像猪这么好脾气好胃口，吃粮不管事的，一旦它要是烦躁地闹腾起来，想必一定与温度、湿度、气压的变化相关。

牛圈特别臭，雨要下个透。

有些国家还流传着这样的谚语：

A cow with its tail to the West makes the weather best, a cow with its tail to the East makes the weather least.（牛尾巴朝西，晴朗天气；牛尾巴向东，非雨即风。）

因为牛不喜欢顶风而食，例如在英国，西风预示着好天气，东风预示着坏天气。所以牛尾巴的朝向有着很微妙的预报意义。

老牛叫雨，猪颠风。

猪颠风，狗颠雨。

狗打喷嚏驴打滚，有雨下得狠。

羊顶角，风不小；羊打架，雨就下。

狗咬青草主晴，猫吃青草主雨。

这似乎同样是"雄性主晴、雌性主雨"思维的延伸。

但在英语谚语中，猫和狗吃草，都被视为降雨的预兆：

Cats and dogs eat grass before a rain.（牛喘狗吃草，雨下可不小。）

狗吃草，到底是晴是雨啊？各个谚语的意见似乎还不大统一。

猫打滚，狗吃草，猪衔柴，鸭子展翅雨就来。

看来不能只盯着一家，还是要多看几位"预报员"的"意见"，集思广益，综合考量，现在很流行"集合预报"嘛！

东汉王充在其《论衡》中说："天且雨，蝼蚁徙，蚯蚓出，琴弦缓，痼疾发。"也是罗列多重征兆进行综合考量，人们并不轻易采信"孤证"。

似乎在作者看来，鸠唤雨却没能唤来雨，鹊呼晴也没能呼来晴。

不是自家养的，没关系。但那些会飞、会唱的动物，我们尤其要重点观察。

清代吴历《梅雨乍霁》

题诗云：林鸠唤雨不成雨，山鹊呼晴亦未晴。尽日声声是何意，欲催泼墨米图成

天将雨，鸠逐妇。

野鸡啼，晒破皮。

斑鸠叫，天下雨；麻雀噪，天要晴。

麻雀囤食有雨雪。

英语谚语：

If bees stay at home rain will soon come，if they fly away，fine will be the day.（蜜蜂出巢天放晴。）

When spiders build new webs，the weather will be clear.

（蜘蛛结新网，天会晴。）

英语谚语：

Birds on a telephone wire predict the coming of rain.

（鸟落在电话线上，主雨。）

夏秋间雨阵将至，忽有白鹭飞过，雨竟不至，名曰截雨。

白鹤来了好下秧。

蜜蜂收工早，明日天不好。

蜘蛛织新网，天气会晴朗。

蝶进宅，雨要来。

蠓虫扑脸，有雨不远。

萤入橱，主水发。

蜻蜓赶集，有雨偷袭。

蜻蜓飞得低，明日雨凄凄；蜻蜓飞得高，明日似火烧。

蜻蜓高，谷子焦；蜻蜓低，一坎泥（带蓑衣）。

干丁丁（蜻蜓），湿燕子。

蜻蜓鸣，衣裳成。

蚯蚓叫，天拉尿。

还真是没有听过蜻蜓和蚯蚓叫。

人们不但认真听"歌"，而且仔细琢磨这些"歌唱家"怎么唱歌，什么时候唱歌，什么姿态唱歌，音色音质如何。好家伙，很像是音乐学院的面试嘛！

英语谚语：

Sea gull, sea gull, sit on the sand, It's a sign of a rain when you are at hand.（海鸥坐在沙滩上，阴雨已经在路上。）

鹊噪早报晴，名曰干鹊。

久晴鹊噪雨，久雨鹊噪晴。

鹳鸟仰鸣则晴，俯鸣则雨。

夜间听逍遥鸟叫卜风雨，谚云：一声风，二声雨，三声四声断风雨。

一哇晴，二哇落，三哇四哇动瓢泼。此处的哇，是指鹭鸶的叫声。

蚰蜒唱山歌，有雨落勿多。

落雨知了叫，明朝天会笑。

早上蝉虫叫，预告晴天到。

雁朝叫风，夜叫雨。

雁过十八天下霜，雷响百八十天下霜。

节气物语中，寒露一候是鸿雁来宾，寒露之后是霜降，所以雁过十八天下霜，基本符合节气物候。小时候家乡就有"雁过十八霜落地"的谚语，大雁一过，便是深秋了。

初雷之后 180 天出现初霜，也基本契合黄河流域的气候特征，比如西安的初雷与初霜之间的间隔是 184 天（气候平均）。

初雷与初霜之间的时间间隔					
北京	西安	南京	成都	杭州	广州
172 天	184 天	232 天	236 天	248 天	312 天

显然，这则谚语产自黄河流域，出了这个区域就不够灵验了。

在美国，也有类似的统计：听初次蝉鸣，整整三个月之后迎来初霜。

纳西族有关于推算、占卜的"巴格卜课"，巴格的直译便是"蛙课"，可见青蛙在"预报"界的崇高地位。

☁ 首席预报员：青蛙

青蛙，常常被视为极具灵性的"首席预报员"，人们对于它的观察也较为系统。实际上在很多国家，人们对它的喜爱，也是因为它的预报天赋，算是明明可以靠颜值，但偏偏要拼才华的萌物吧。

青蛙叫得欢，必有阴雨天。

青蛙午时叫，雨水乱糟糟。

燕飞低，穿蓑衣；蛙屡鸣，难望晴。

蛙鸣惊蛰前，旱田改水田。

旱蛤蟆叫，白雨到。

久旱蛤蟆叫，大雨就来到。

久旱蛙乱叫有雨，久雨蛙齐叫转晴。

蛙声大而密，雨水至；蛙声疏而清，晴好天。

三月三，蛤蟆大叫大旱，小叫小旱。

古人有（农历）三月初三听蛙声占水旱的习俗，唐诗云：田家无五行，水旱卜蛙声。

即在关键日邀请特长突出的"专家"作预报：

田鸡叫得哑，低田好稻把；田鸡叫得响，田里好牵桨。

但是这些"歌者"和"舞者"，有些在都市中已经很难见到了，即使见到，也未必认得，"儿童相见不相识"。

有些讨厌的"歌者"和"舞者"，我们依然熟悉：

飞蛾扑灯蚊拦路，不久大雨淹倒树。

春天跳蚤多，夏天雨水多。

细蚊满寨转，大雨满田灌。

蚊子闹市雨来临。

蚊子飞成球，风雨要临头。

而英语谚语中描述的是蜜蜂"飞成球"：

Bees will not swarm before a storm.

（风雨不来，蜜蜂是不聚成一团的。）

飞虫、飞鸟似乎都有风雨来临前"抱团"的习惯：

百鸟集中，非雨即风。

冬天麻雀成团，三日内有寒潮。

阴雨之前，空气气压下降、湿度增高。许多飞虫比平时更愿意聚在一起。但蝉由于没法儿扇动翅膀，于是显得安静了。

蝉儿叫得凶，必定热烘烘。

在美国，有人做过统计，在75%的情况下，气温每升高1℃，蟋蟀每14秒钟的鸣叫次数就平均增加40次。除了定性之外，人们也量化地研究动物在不同天气状态下的行为差异。

都说动物"气象台"擅长短时临近预报，觉得关于气候的、季节的预报是它们预报业务的短板甚至空白。但实际上，长期预报它们也能做，只是并非主项而已。这样的个例很多，只是通晓度比较低，在大家看来，颇似未经检验的"偏方"。

动物从事长期预报的谚语很多，也被不少人如数家珍般地运用。虽然专家们认为，长期预报的谚语，其气象学基础比较差。

獭窟近水主旱，登岸主水，有验。

春天麻古下蛋在垄沟旱，下在垄台涝。

秋蚊多，次年春旱。

牛牯蜂在树尾做窝大风少，在地下做窝大风多。

日语谚语中也有让熊做中长期预报的：

秋早く熊が里に出ると大雪。（秋熊早进村，大雪必封门。）

再举一些英语谚语中动物们从事长期预报的个例：

While cicada cried，six weeks to frost.

（当蝉开始哭泣，六周之后降霜）

When squirrels lay in a big store of nuts，look for a hard winter.

（松鼠储备多，寒冬不用说。）

The darker the woolly caterpillar's coat, the more severe the winter will be. If there is a dark stripe at the head and one at the end，the winter will be severe at the beginning，become mild，and then get worse just before spring.

（毛虫颜色愈深，冬天愈冷。头尾均有深色花纹，初冬冷，之后温和，但临近入春时天气会更糟糕。）

If wasp nests are high，a severe winter is nigh.

（黄蜂窝高筑，寒冬已上路。）

When a hornets'nest is built in the top of a tree it indicates a mild winter is ahead. Nests built close to the ground indicate that a harsh winter is coming.

（马蜂在树顶筑巢是暖冬，贴地筑巢是寒冬。）

顺便说一句，其中的 mild winter 还是 harsh winter 其实都是基于冷暖。它也体现了从前人们的价值观——暖是好的，冷是坏的。

田鼠封洞要下雨。

蜈蚣出巡，大雨倾盆。

蛆出茅坑外，天气变化快。

德语谚语：

Wenn der Mist brav stinkt，so gibt's Regen.

英语谚语：

When the manure is giving off a good stink, there'll be rain.

（肥料臭味浓，雨将来。）

有什么虫，便就地取材，无不可以借用，就连丑陋的、肮脏的污秽之物也留意观察，真是为了尽量无"盲区"地占验天气而费尽心思啊！

蜗牛上壁，阴雨天气。

南望晴，北望雨。（南、北是指鳖探出头来朝什么方向。）

蜘蛛添丝晴。

蛇拦路，天顶漏。

泥鳅水中翻，马上要变天。

晴钻泥，雨吐气；风暴来，跳几次。

鱼拜佛，天下雨。（鱼跳出水面，弄出皱面的波纹，称为拜佛。）

日语谚语说的是：

魚が水面に出て呼吸していると雨。（鱼出水面天将变。）

英语中的类似谚语是这样说的：

Trout jump high，when a rain is nigh.（鳟鱼跳得高，天将雨。）

渐渐地，在观察的过程中，人们也对各种动物的天气偏好了如指掌：

阴坡地上羊，阳坡地上猪。

落雪狗欢喜，麻雀肚里苦兮兮。

春雨贵如油，瘦马不瘦牛。

秋雨如刀刮，瘦牛不瘦马。

牛怕过冬狗怕暑。

顺风找牛，顶风找马。

旱羊涝马（羊喜干燥，马喜湿润）。

有时，动物们对天气气候的反应可谓神奇。

元代学者娄元礼记述了这样一个故事：夏至后的第 8 天，正值梅雨天气，大家忽然发现数十只鹈鹕由西向东飞，根据传说，这是发大水的预兆。这时，一位老农说：不要紧。这种鸟夏至之前来，水就会涨；夏至之后来，水就会落。

结果，果然天晴了，水也退了。动物们对天气气候很敏感，但它们毕竟不是神仙，有准的也有不准的。但有人愿意记住那些准了的，有人喜欢挑剔那些不准的。占卜天气的人们，千万不能见到某一种物候反应就匆忙地下结论。

从逻辑上看，本来鹈鹕主水旱这一观点就会有一定的失误率，而再人为地设置了一个"分界日"（夏至）。将分界日定为特定的某一天，似乎过于绝对化，可能会加大预报错误的概率。

☁ "植物气象台" 的预报业务

不过以植物来推测短期天气的谚语也不少：

开桃花，下夜雨。

山上毛糊糊，天气靠不住。

山药蔓蹿新尖，大雨不过两三天。

桃树出胶，大雨要到。

野菊花开霜将至。

河柳根，生嫩须，未来大雨漫河堤。

英语谚语：

The sunflower raising its head indicates rain.

（向日葵昂起头，可能有阴雨。）

When leaves show their backs, it will rain.

（树叶展示它的背面，可能有雨。）

花儿非常善于自我保护，所以对天气特别敏感。湿度稍微一升高，还没下雨呢，它们中的绝大多数都会闭合，生怕花粉被雨水冲刷掉。

植物界也没有后悔药。樱桃花兴高采烈地刚开了三天，就赶上北京的一场清明雪，或许植物"气象台"对降雪并没有做出准确的预报。

总体而言，人们借助树木花草推测的主要是季节更迭以及干湿、冷暖等气候状态，借助各种动物主要推测短时临近的天气状况，"业务范畴"各有侧重。

以植物描述或预报季节状况的谚语更多：

桃花色浅梅雨多，桃花色深梅雨少。

柽柳开花，桂花香，六十天有霜。（江南）

玫瑰生寒，茉莉生暑。

槐管来年夏，杏管当年秋。

春天柳树旺，盛夏雨汪汪。

椿树发芽时，进入多雨期。（江南）

梅花早，倒春寒；梅花晚，防春干。

桐树花开天不寒。（节气物语是：清明一候桐始华）

木棉花儿开，大冷不再来。（华南）

十月不落杨，大雨灌满塘。

苦楝树开花，地气热。

杏花红，雨蒙蒙；榴花红，热烘烘。

子竹超母竹，明年天不冷。

娘抱崽，冬天冷；崽抱娘，冬天暖。（笋长在竹丛内为"娘抱崽"）

德语谚语：

Viele Eicheln im September，viel Schnee im März，ein reiches Kornjahr allerwärts.

英语谚语：

Lots of acorns in September，lots of snow in March，means a beautiful grain year for all.（九月多橡实，三月多雪花，预示一年好收成。）

德语谚语：

Wenn die Blätter spät fallen，kommen sie wieder früh.

英语谚语：

If the leaves fall late，they'll come back early.（秋天落叶晚，春天生叶早。）

四季常绿的热带地区，可以无视这则谚语。

有则英语谚语，居然用洋葱皮作为判断冷冬或暖冬的依据：

Onion skin very thin，mild winter coming in，

Onion skin thick and tough，winter will be cold and rough.

（洋葱皮薄，冬天温和；洋葱皮厚，冬天难熬。）

如果洋葱能作冬季寒温的预报，玉米也行：

If corn husks are thicker than usual，a cold winter is ahead.（玉米皮厚是冷冬。）

各种树上的叶子何时飘落，也在作预报。

这则英语谚语是用叶子作温度距平预报：

When leaves fall early，autumn and winter will be mild，

when leaves fall later，winter will be severe.

（树叶落得早，秋冬很温和；树叶落得晚，冬天很严酷。）

这则日语谚语是用叶子作初雪预报：

落ち葉が早ければ雪が早い。（落叶快，初雪早。）

但我们现在已经很少能够观察到动植物所体现的物候现象，即使看到也大多没有概念——这些树叶落得到底算是早呢还是晚呢？

观物象，不但可以借助生物，也可以借助非生物。只要留心，处处皆有"预报员"，天气变化总会有些蛛丝马迹的先兆。

春天返浆闹，夏天容易涝。

盐出水，铁出汗，雨水马上见。

缸穿裙，山戴帽，大雨到。

天气阴不阴，问问老烟筋。

木门不响，天气清爽。

烟囱不出烟，有雨今明天。

烟直升，天气晴；烟乱窜，天气变。

袅袅炊烟也能用于推测天气。

国外的谚语也有一些通过炊烟判断天气的：

煙が東になびけば晴れ。

（烟东行，天必晴。）

When smoke descends，good weather ends.

（炊烟铺地，不再是好天气。）

When smoke hovers close to the ground there will be a weather change.

（烟在地面盘旋，天气将要改变）。

When the chairs squeak，it's of rain they speak.

（椅子尖叫，有雨报到。）

Catchy drawer and sticky door，coming rain will pour and pour.

（柜子紧，门发粘，倾盆大雨在眼前。）

If salt is sticky and gains in weight，it will rain before too late.

（盐粒又粘又沉，雨水即将登门。）

古谚说：晴干鼓响，雨落钟鸣。

晴天时，鼓声显得更响；雨天时，钟声更具有穿透力。

在西方，人们有个卜雨的方法，就是通过教堂钟声来判断降水概率。

英语谚语：

When sounds travel far and wide，a stormy day will betide.

实际上，人们不只是借助他物洞察天气，人体自身对某些天气变化也会有提前的感应。经常有人说老寒腿就是人体"气象台"，比你们气象台预报还准呢。

- **腰骨痛，雨打洞**

研究表明，风雨来临前的气压降低，会使很多人，例如牙病的患者、患关节炎的人、伤口刚愈合的人、长了囊肿的人产生痛感。

天气与疼痛，确实是一门跨界的学问，并已进入一些国家气象业务的范畴。

阴雨天气、风寒天气、燥热天气等可能导致不同部位、不同感觉的疼痛。研究不同痛感与天气的对应关系，一方面有助于医生治疗患者时对症下药，另一方面也许能更精准地预测天气。当然，我们希望这样的"人体预报员"越少越好。

腰酸背痛疮疤痒，有雨就在后半晌。

天降风雨关节痛，旧病减轻天将晴。

骨节冰，天要阴；骨节疼，大雨淋。

干活儿汗满身，大雨快来临。

耳朵发燥要起风。

男烧晴天，女烧下雨。（所谓烧，特指耳朵发热。）

男噗风，女噗雨。

从前人们认为，男婴发出噗噗的声音有可能刮风，女婴发出噗噗的声音有可能下雨。

从气候上讲，气候不正，添上疾病；从天气上看，天气变动，病情加重。所以，天气好不好，病号先知道。

人们觉得一年之中总有那么几天，对于一年的气候有着决定性的作用；一月之中也总有那么几天，决定着整个月的天气基调。冥冥之中，总有某种主宰的力量，掌控着某个时段的天气气候。

人们占卜天气，很希望有一些简化的方式，比如，抓住某几天，便抓住了一整年或一整月的天气神韵，并且希望它们不只是外在的相关，而是内在的因果。

气象学院有一个"神话"始终流传：只要气象学院举办运动会，总会下雨。俨然气象学院举办运动会的那一天，就是决定降雨的关键日。

有人这样调侃式解读："运动会"这三个字中，都有云。

常下雨的运动会

即便是专门钻研天气的专业人群，尚且会以选择性记忆的方式调侃出一个天气关键日，更何况非专业人士呢？设定关键日以判定天气气候，希望"一抓就灵"，心情可以理解，可以"大胆假设"，但是不能疏于"小心求证"。

● 上元无雨多春旱，清明无雨少黄梅；
夏至无云三伏热，重阳无雨一冬晴

上元，指元宵节。古人喜欢根据关键日的一些情况来推测后续的天气气候状况，且时间跨度比较大，着眼点大多是关于季度甚至年景的。其立足点在于，某日的天气，如晴雨、冷暖，可能预兆着后续某个时段的气候特征。

这则谚语只有四句，但却以关键日占卜了四季的干湿、阴晴、冷暖，希望能够至少提前两三个月预知未来的气候特征。

比如谚语说：初一下雨初二晴，初三下雨久不晴。于是，在月初就可以大概判定整月的雨水多寡。还有初一雨落井泉浮，初二雨落井泉枯，初三落雨连太湖。

再看一则德语中的天气谚语：

Silvesterwind und warme Sonn' verdirbt die Hoffnung auf Wein und Korn.

（新年前一日暖风劲吹，这年葡萄酒和粮食的收成可能不好。）

也是选取一个关键日来对年景进行判断。

节气，是最常规的关键日。例如：立春，宜晴不宜阴，晴则兆丰，阴则兆灾。

晴则诸事吉，阴则诸事愁。

立春清明又和暖，农人鼓腹颂尧天；

倘若风阴与昏暗，五谷不登人不安。

春分，以占风的方式为年景定性。

如果刮东风，主麦贱，岁丰；刮西风，主麦贵；刮南风，主农历五月先涝后旱；刮北风，米贵一倍。如果春分日前后一天打雷，主岁稔，即丰收。

《农政全书》中甚至有这样的说法：一日值雨，人食百草。也就是说正月初一一日晴，一年丰；一日雨，一年歉。一天的晴雨，便能左右全年的丰歉。

大家的定性意见并不一致。明代冯应京的《月令广义》中说：难拜年，易种田。大年初一下雨，拜年不容易，但种田就容易了。

《月令广义》中还有这样的判据，关键日不仅有节日、节气，还包含很多看似普通的日子：

四月初一见青天，高山平地任开田。

有利无利，只看四月十四；有谷无谷，只看四月十六。

而且，两个关键日之间的相互关系，也可成为气候判据，例如明代卢翰的《月令通考》中说：

分社同一日，低田尽叫屈。

社了分，米谷不出村；分了社，米谷遍天下。

是说秋社与秋分是同一天，可能涝。先秋社后秋分，年景差；先秋分后秋社，年景好。

东方朔是以"新年八日占八事休咎"：一鸡、二犬、三猪、四羊、五马、六牛、七人、八谷。

晴为祥，雨为殃。初八为谷日，所以初八的晴雨决定当年五谷的丰歉。

还有一个著名的"五子日占岁事"的推测方式，按照宋代沈括的说法，是：甲子丰年，丙子旱，戊子蝗虫，庚子叛，惟有壬子水滔滔，只在正月上旬看。

如果在正月便能清晰地看透整年的年景特征，那实在太好了！但很可惜，连定性都很难。

元代娄元礼在《田家五行》中评述道：

六甲周流天下一定之理，四海之广，南北分野，水旱每有乘除。岂可拘一类取之，因考丰年。以上二说，少有应验，不若以晴雨论之者多有准。盖风雷晴雨，百里不同以其地占之，应在共地，固可信也。

实际上，古人在占卜预测方面，也并不是完全出自主观臆断。很多都来自某一区域、某一年代或时段当中的经验累积，而且注意区分地域差别和季节不同。在占卜预测之后，有的还会记录正误。

甲骨文里的天气

甲骨文中关于占卜天气的记载，有些就含有叙、命、占、验四个部分。

叙，是介绍背景；命，是确定题目；占，是提出结论；验，是记录正误。所以，人们认识能力的局限，也并不能掩盖科学精神的光彩。

元、明、清关于月令或农候的书籍之中，有很多对于占卜类谚语的检验记录，如颇准、甚验（正确比例较高）、屡验（正确次数较多）、有验、不验、屡不验、未验（没有验证过）等评语。验证过的谚语，也分为各地都可能适用的"通行谚"和仅限于一定区域、一定时节的谚语。

去粗取精，去伪存真，也正是古代谚语所历经的不断完善的过程。所以，谚语的演进，不是我叙述你记录，而是在应用中接力甄别和完善的过程。

春分有雨是丰年。

春分阴雨天，春季雨连绵。

2017 年的春分日，恰好下了一场春雨，就有人问我："是不是春分有雨，今年的雨水就不用愁了？"

可见直到今天，人们潜意识中还是会有天气关键日思维。

重阳无雨一冬干。

重阳无雨看十三，十三无雨一冬干。

2018 年，是在人们对雪的盼望中开始的。因为从 2017 年 10 月 22 日之后，北京便无雨雪。到了 1 月 7 日，眼见着南方都已大雪纷飞，北京的初雪依然杳无音信。这时一位网友给我留言，说他 85 岁的母亲有个说法，农历九月初九到十三没有雨（2017 年 10 月 28 日至 11 月 1 日），所以今冬的雪是没有指望的。

尽管人们未必能够确切地诵读谚语，但这些谚语所设定的天气判据却以各种"老话儿"的方式流传着。在一些科学无法预见的问题上，人们会下意识地笃信"老话儿"。

☁ 农事占验的关键日之一：元日

元日或曰岁首时段。在岁首预测当年丰歉，情理之中。农人岁朝晨起看风云，以下田事。

观风云进行预测，是传统思路，有的占卜依据是风向、云色的组合，有的占卜依据是云量、云色的组合。当然，还有其他指标，"各村有各村的高招儿"。

在古人看来，最好的气是瑞气，最好的云是卿云。

什么是瑞气？按照《晋书·天文志》的解读，瑞气是庆云，若烟非烟，若云非云。按照这样的描述，瑞气应是丝丝缕缕的卷云，淡远、清雅。庆云，也被称为景云，也就是颜值高的云，可以成为天空风景的云。

什么是卿云？即多彩之云。古人认为最吉祥的云是多彩之云，所以才叫作云彩。彩色，而非黑白。

瑞气和卿云，在古人眼中，都是喜气之象，太平之应。

《清嘉录》记载：

元旦，风自东南来则岁大稔。东次之，东北由次之；西则歉。

西北有红、黄云则稔；白、黑则歉。

候阴晴，观日色，以占年岁丰歉。

以三有卜岁。

也就是说，如果五鼓有风，当午有云气，将晚有日色，"岁必丰"。

岁首时段的另一个农事预测日是正月初八。因为"七人八谷"，初七是人日，初八是谷日。在谷日预测五谷丰歉，似乎专业"对口儿"。

人们认为谷日宜晴，所以有头八晴，好年成的谚语。

正月初一晴，雨水很调匀。

大年初一下了雨，今年没有多少雨。

正月初一雪，一年雨水缺。

正月初一雨绵绵，来年定是丰收年。

似乎大家对于这个关键日的天气判据，意见并不统一。

《农政全书》中收录：一日晴，一年丰；一日雨，一年歉。

即以大年初一晴兆丰，雨兆歉。

初一雨落，井泉浮；初二雨落，井泉枯；初三雨落，连太湖。

又云：一日值雨，人食百草。

岁朝西北风，大水害农功。

正月初一有浓霜，今年粮食撑破仓。

岁旦天气晴朗温和，主民安国泰，五谷丰登，人少病，牺牲旺，寇盗息。

正朔之日天气和润，风不鸣条，兼有云迎送出入者，岁美无疾。

这简直是关键日中的关键日！

以大年初一占卜年景，基本思路是：喜晴恶雨。

以元日的天气卜年								
天气	晴朗	晨有红霞	有雷	有雪	微阴东北风	西北风	西南风	南风或东风
预示	风调雨顺	主丝贵	主禾麦皆吉	主夏秋大旱	主大熟	主大水	主米贵	主大旱

东方朔《占书》曰："岁正月一日占鸡，二日占狗，三日占猪，四日占羊，五日占牛，六日占马，七日占人，八日占谷。皆晴明温和，为蕃息安泰之候，阴寒惨烈，为疾病衰耗。"

日期	初一	初二	初三	初四	初五	初六	初七	初八
称谓	鸡日	狗日	猪日	羊日	牛日	马日	人日	谷日

孟浩然《田家元日》：田家占年候，共说此年丰。

正月初一至初八，"以阴晴占丰耗"。举例：如果初一晴，则该年鸡好蛋多；如果初四阴，该年羊容易患瘟疫。《燕京岁时记·人日》："初七日谓之人日，是日天气清明者则人生繁衍"。

正月初八晴，春天天气好。

正月初八晴，稻谷好收成。

正月初八是谷物的生日，是日天晴，预兆该年稻谷丰收，天阴则预兆歉收。

所以按照他们的占卜思维，只要晴暖便好，只要阴冷就差。杜甫诗云："元日到人日，未有不阴时。冰雪莺难至，春寒花较迟。"对照卦辞，那年景真是不能再差了。

不过，现在气候变化，暖冬盛行。若是没有雾霾，晴暖天居多，好年景的概率便提升了？

与其他月份相比，正月的天气在预兆方面体现着更高的重量级，关键日也最为密集。

（正月）初一西风盗贼多，更见大雪有妖魔。

正月十三阴，日头贵过金。

一年就看四个二十五。（指正月、四月、七月、十月的二十五日。）

尽管大家都以关键日的思维占卜天气，但各地设定的关键日并不相同。

先秦时期，便有了祈谷禳灾的风俗，设定关键日进行农事占验。即在一年中选取一些重要的日子观察天气状况，从而来定性一年的水旱、丰歉。

《史记·天官记》有关于在"腊明日"（腊祭的次日）和正月初一观察天气，预测收成、祸福之事的记载：

凡候岁美恶，谨候岁始。岁始或冬至日，产气始萌。腊明日，人众卒岁，一会饮食，发阳气，故曰初岁。正月旦，王者岁首；立春日，四时之始也。四始者，候之日。

而汉魏鲜集腊明正月旦决八风。风从南方来，大旱；西南，小旱；西方，有兵；西北，戎菽为，小雨，趣兵；北方，为中岁；东北，为上岁；东方，大水；东南，民有疾疫，岁恶。故八风各与其冲对，课多者为胜。多胜少，久胜亟，疾胜徐。旦至食，为麦；食至日昳，为稷；昳至餔，为黍；餔至下餔，为菽；下餔至日入，为麻。欲终日有云，有风，有日。日当其时者，深而多实；无云有风日，当其时，浅而多实；有云风，无日，当其时，深而少实；有日，无云，不风，当其时者稼有败。如食顷，小败；熟五斗米顷，大败。则风复起，有云，其稼复起。各以其时用云色占种所宜。其雨雪若寒，岁恶。

……

或从正月旦比数雨。率日食一升，至七升而极；过之，不占。数至十二日，日直其月，占水旱。为其环千里内占，则为天下候，竟正月。

年景占卜 占卜时间：腊祭的次日、正月初一							
南风	西南风	西风	西北风	北风	东北风	东风	东南风	注：以风的强弱、持续时间的长短来判定当日的主导风向。
大旱	小旱	有战事	黄豆丰产	中等年景	好年景	有洪涝	流行疾疫	

不同时段的天气对应不同作物的收成					
天气特点	黎明至早餐	早餐至日偏西	日偏西至晚餐	晚餐至傍晚	傍晚至夜晚
	麦	稷	黍	豆	麻
有日有风有云	植株深而多实				
有日有风无云	植株浅而多实				
无日有风有云	植株深而少实				
有日无风无云	作物伤败，如果当日内能够风云再起，作物长势尚可				

注：该项关键日占卜中，最好的风向是东北风，最差的风向是东南风。
最好的天气是有风有云有太阳，最差的天气是雨雪湿寒。

而在初一至初七的"比较雨"占卜中，雨却是多些才好。初一有雨，当年百姓每人每天可得一升的口粮，初二日有雨，有两升的口粮，一直数到七升为限。
还有自初一占卜到十二日，逐日天气对应逐月水旱。
但这样的占卜只是"小国卜"，要想推测"天下候"，还要"竟正月"，整月都要进行占卜。

☁ 农事占验的关键日之二：立春

一年中第二个农事占验的时间点是立春——以四时之始预测四时之成。人们认为立春宜晴，所以有但得立春晴一日，农夫不用力耕田的农谚。

春牛、芒神是立春民俗中两个最受尊崇的标识，人们也将其作为占验的对象。

春牛的颜色是根据该年天干地支对应的颜色确定，农民们看春牛头的颜色来占卜水旱：黄主谷，黑主水，红主旱。牛头颜色是根据天干对应的色彩确定的，每年不同。

如果仅凭牛头颜色就能预测水旱，按照这个逻辑，必定是天下要么同旱，要么同涝，不会有任何独善其身的例外。这只是人们最美好的愿望，因为人们太想提前了解这一年的雨水多寡，年景好坏，太希望预测是确定性的，太希望通过某个物象一眼就能看到这种确定性。

在海南，以立春前的雷为旧雷，交春时雷为新雷。如果岁末年初，旧雷与新雷相接，就认为此年将是一个丰收年。

海南的初雷时间比江南的惊蛰初雷（杭州初雷日期为 3 月 13 日）要早得多。南宁初雷日期为 2 月 23 日，比杭州早了近 20 天。海南南部就更早了，所以在海南，初雷时节便开始耕作，有雷耕之说。古人立春占卜与春节占卜的思路基本相同：立春，风色晴雨雷雪大率与元日同。

立春天阴无风，民安，蚕麦十倍。东风吉，人民安，果谷胜。

水洒春牛皮，百日雨微微。

雨淋春牛头，七七四十九天愁。

雨淋春牛头，农夫百日愁。

打春闭眼天不好，打春开眼好天气。

（以立春当日晴或阴来界定年景好坏。）

无春之年是丰年。

双春年，雨季早来。

年逢双春，春夏雨多。

年前立春明年暖，年后立春二月寒。

年前打春春不冷，年后打春回春冷。

年逢双春，米吃有春。（米吃有春，是指米多到可以吃到下一个春天。）

十年难逢金满斗，百年难逢岁交春。

夜立春，好年景，日立春，反年景。

春打六九头，吃饭不用愁。

春打五九尾，家家吃白米。

农历一年中没有立春的，也称为"盲年"，有两个立春的，称为"两头春"。因为立春乃四时之始，所以人们往往特别重视立春，并将其作为"关键日"，即气象学上所谓的用"初始场"来推断后续的天气气候。

关于"两头春"，有谚语说：两春夹一冬，必定暖烘烘。也有谚语说：一年两个春，过年老牛冷断筋。

可见即使据此判断冷暖，人们也并未取得共识。

那么，关于"两头春"的年景如何呢？

有人认为：一年打两春，豆子贵如金。

也有人说：一年两个春，黄土变成金。

同样，也很难以此来判断丰歉。

在所有节气中，立春更像是关键日的"形象代言人"。当日阴晴各有说法，农历年中无春或双春也各有说法，年前立春还是年后立春、立春的天文时刻是在白天还是黑夜、立春日是在五九尾还是六九头，都被当作占卜年景的判据。

☁ 农事占验的关键日之三：冬至

冬至是"阳气始生"之时，相当于在所谓时气坐标系的原点预测时气变化。

汉代纬书《易纬·通卦验》曰：

冬至之日，见云送迎，从下乡来，岁美，民人和，不疾疫。无云送迎，德薄、岁恶。故其云赤者旱，黑者水，白者兵，黄者有土功。

《易纬·通卦验》的这段粗线条的定性占卜，对后世影响极大，不仅被广泛引用，还被录入正史之中。只是，没人验证过它的预报准确率究竟怎样。

冬至忌大雪，主凶灾，不利于农。

冬至的天气被认为与过年相反：干净冬至邋遢年。

大多数地区，民谚是：干冬湿年，禾黍满田。

而海南民谚恰恰相反：冬湿年干，仓廪团团。

当然除了元日、立春、冬至这三大时间节点之外，还有其他一些节日或节气的晴雨、寒燠也常被当作年事占卜的预测依据。

● **雨水：**

雨水（节气）后阴多，主少水，高下大熟。

正月罱坑好种田。

● **惊蛰：**

江南地区的春雷时节。如果惊蛰后听到雷声，就预示风调雨顺。所以江南民谚有"惊蛰闻雷米似泥"之说。如果惊蛰未至，已先雷，则被视为灾异之兆。民谚说：

> 未蛰先蛰，人吃狗食。

> 惊蛰寒，寒半年。

> 惊蛰晴，万物成。

> 惊蛰雷响米如泥。

惊蛰时闻雷恰合时宜，但如果初雷提前了呢？

> 未到惊蛰闻雷声，家家稻田无收成。

一则日语谚语说的也是以雷鸣预兆旱涝丰歉的事：

> 四月雷は旱のもと。（四月雷鸣兆旱年）

- **二月二：**

  二月二打了闪，麦子光秆秆。

  二月二湿了场，麦子谷子一把糠。

  抬头雪，好年景。

- **花朝节：**

  农历二月十二。开花时节占卜果。人们认为关键看当夜，宜晴：有利无利，但看二月十二。

- **春分：**

  主要根据当天的风向来占卜年景。

春分日占风卜年			
风向	东风	西风	南风	北风
预示	主麦贱	主麦贵	主五月先水后旱	米贵一倍
补充性判据：春分日前后一天内有雷，主年丰。			

春分最好能有雨，不仅宜物，而且宜人，春分无雨病人稀。

● **春社、秋社：**

春社无雨莫种田。

春社是立春起的第五个戊日，秋社是立秋起的第五个戊日。

春社无雨春夏旱，秋社无雨秋冬干。

除了单日的关键日，还有"联动"的关键日：

社在春分后，穷人愁上愁。

社在春分前，必定是丰年。

这一组谚语是说先春社后春分，年景好。

社了分，米谷如锦墩。

分了社，米谷遍天下。

这一组谚语是说先春分后春社，年景好。

不过，元代学者娄元礼曾以此例进行了一番论述：

历家自有定式，今人以此为占候验，殊不知天下水旱丰歉，米麦麻豆之贵贱处处不同，且问当以何地取准为是？由此推之，其谬可知矣，占者幸勿拘焉。

各年春社、春分之先后，是历法早已排定的，以此来推测年景，很不靠谱。各地的各种食物的价格大不相同，所谓贵贱到底以哪里为准呢？所以占卜天气的时候，千万不要受到古法的束缚。

- **清明：**

  清明的天气很重要，清明杨柳朝北拜，一年还了十年债。

  清明处于农历几月似乎也重要，三月清明你莫慌，二月清明早下秧。

  耕作时节，占卜耕作后的前景。人们认为"清明宜晴，谷雨宜雨"。因为人们担心清明下雨会伤及小麦。"麦吃四时水，只怕清明一夜雨"。谷雨宜雨，是因为谷雨时节各种田作物都开始眼巴巴地在地里盼雨了，而且人们认为，谷雨时节雨水多，鱼虾也会多。鱼米之乡，人们对天气的态度，实际上是对鱼米的态度。

  人们也有在（农历）三月三听蛙声的习俗，"以卜丰稔"，名为"田鸡报"。午前蛙叫，高田熟；午后蛙叫，低田熟。

- **谷雨：**

  谷雨有雨，缸里有米。

  谷雨阴沉沉，立夏雨淋淋。

  谷雨下雨，四十五天无干土。

  古人认为，如果谷雨下了雨，后续的时间里就容易下雨了，于是雨水丰沛。谷雨，更像是一个领跑者。所以"谷雨宜雨"的谚语，我觉得并不只着眼于谷雨本身，而是说只要谷雨下雨了，到稼穑交替的芒种都不愁雨水，于是年景有了指望。

- **立夏：**

  立夏天好丰收年。

  立夏之占卜民俗很多，一是（农历）四月的天气的局地性增强，旧时的"分龙"就开始于（农历）四月。龙分家了，一条龙各管一个山头，令出多门，天气的"政策"多变，可得未雨绸缪；二是立夏时人们对天气的需求愈加多样化，"蚕要温暖参要寒"，众口难调，有"做天难做四月天"之说；三是农民们此时大多在田间地头劳作，随处可看天，随时能占卜，相当于"现场办公"。

  农谚说：二麦不怕神共鬼，只怕四月八夜雨。

  因为立夏时麦花夜吐，多雨则损花，造成麦粒浮秕。

  《农政全书》记载，立夏日占卜雨水多少是看日晕，有则主水。民谚说：（立夏日）一番晕，添一番池塘。

  据说，立夏日最好的是"密云不雨"，浓云密布但就是不下雨，这种分寸太难拿捏了！真觉得古时天气占卜的众多判据太玄奥了，我觉得我看的不是日晕，而是"头晕"。

- **小满：**

  东风小满三夏满，西风小满三夏干。

  （农历）五六月间：

  五月初一：一日值雨，人食百草。

  一日晴，一年丰；一日雨，一年歉。

  芒种时入梅，之后半个月忌讳有雷，称为"禁雷天"。民谚说：梅里雷，低田折舍回。

  而且入梅之初还忌讳下雨，谚语说：雨打梅头，无水饮牛；雨打梅额，河底开坼。

- **端午：**

  端午日有雨，预兆来年大熟；夏至日淋雨，"其年必丰"。

  六月（农历）不能是凉夏，因为六月不热，五谷不结。

  端阳无雨是荒年。

  端阳无雨好收成，芒种有雨好秋天。

  这两则谚语也相互矛盾，让人很难抉择，到底信谁好呢？

- **夏至：**

  夏至若雨年必丰。

  夏至逢酉三分热，夏至逢亥一冬晴。

  夏至日风色看交时最要，屡验。

  雨热同季的季风气候，夏日正是雨热两种极致叠加的时节，温和的天气少了，地里的庄稼悬念多了，心里七上八下的，需要以占卜求得安心。

- **半年总结：**

  七月初一看收天，八月初一看来年。

  七月初一负责下半年的收成，八月初一负责下一年的年景。有点像学生们的期中考试和期末考试。

- **白露：**

  雨淋白露节，大旱三百天。

- **立秋与秋分：**

  这时秋熟进入倒计时，越到临近越加倍小心。

人们认为立秋日雷鸣不吉利，因为多风落稻，亩减至五六斗。秋分，最好是阴雨，谚语说：麦秀风摇，稻秀雨浇。

六月秋，紧凑凑；七月秋，慢悠悠。

六月秋，丢的丢；七月秋，样样收。（指立秋）

人们常把农事开始前和进行中的节气当作农事安排或年景好坏的关键日。

清明在（农历）三月，农事要求稳；清明在（农历）二月，农事要抓紧。

（农历）六月立秋，匆匆忙忙地收也会歉收；七月立秋，慢慢悠悠地收也能丰收。

与之配套的说法是：早立秋，凉悠悠；晚立秋，热死牛。

以立秋的天文时刻的早晚和立秋的农历日期的早晚这两个因素确定是早立秋还是晚立秋。

如果是"凉悠悠"，就有可能秋水多，霜冻早，极易"丢的丢"，很难"样样收"。

- **秋雷：**

  这个关键日，显然不是一个固定日期。

  雷打菊花开，来年米麦塞破街。

  雷打菊花心，来年米麦贵如金。

  感觉这两则谚语完全相左，都要吵起来了。

- **重阳：**

  人们希望重阳最好是下雨。当然，这是农事视角，登高的人还是希望重阳"天高秋气爽"。

民谚说：九日雨，米成脯。

重阳湿漉漉，穰草千钱束。

明代的《农政全书》和《月令广义》中分别收录了重阳作为关键日的占候谚语：

重阳晴，一冬暖；重阳阴，一冬凌。

重阳无雨一冬晴。

重阳无雨望十三，十三无雨一冬干。

不怕九月重阳十三雨，只要立冬一日晴。

重阳占卜还有一个非常规的占卜指标，就是如果重阳那一天是晴，则冬至、元日、上元、清明这四天都会是晴；如果重阳有雨，那么这四天也都有雨，据称"联动"效应特别好。

在古人看来，知道重阳的天气，就把后面半年的"大节"天气全摸清楚了。

所以除了元日、立春、冬至之外，正月初八（谷日）、二月二、端午、春社、秋社、重阳以及很多节气，也常被当作年景预测或季节预测的关键日。

每种作物还都有属于自己的关键日：

初一芝麻初二花，初三荞麦初四麻，五黍六豆，七豆八麦，九果十菜。

即以正月上旬逐日的天气，占卜各种作物当年之丰歉。

《农政全书》中说：

二月十二夜宜晴，可折十二夜夜雨。

二月最怕夜雨，若此夜晴，虽雨多亦无所妨。

二月十五日为劝农日，晴和主年丰，风雨主岁歉。

二月十六乃黄姑浸种日，西南风主大旱，高乡人见此风即悬百文钱于檐下。风力能动，则举家失声相告。风愈急愈旱，主桑叶贵。

三月初三四下雨，高山顶上摸鲇鱼。

三月三的风，四月四的雨，麦子黄疸谷子秕。

三月十六雨，当年有旱情。

三月十九好变天，四月十二好下雨。

三月十九下雨主旱。

四月初四米生日，大落大贵，小落小贵。

立夏东风摇，麦子坐水牢。

小麦不怕人共鬼，只怕四月八日雨。（明代冯应京《月令广义》）

四月八日落，油菜麦子光壳壳。

四月八日晴，瓜果好收成。

元末娄元礼在《田家五行》收录了这样一则谚语：有利无利，且看四月十四。

说如果这一天是晴天，便预示丰年（主岁稔）。晴，再加上东南风就更好了。据说当时"家富放债者专看此日"，说明当时的人们真的深信这些谚语。

六月初三打个雷，上午耘稻下午睡。

六月初六雨，谷米好收成。

六月初六晴，当年好收成。

廿夜满天星，积年宿债清。

雨打七月廿，棉花弗上店。

民间俗称（农历）七月二十为棉花生日，以棉花习性，忌雨喜晴。

熟不熟，但看十月二十六。

腊八阴，棉花贵如金。

再看看低一个层级，决定季节天气的关键日：

清代《农候杂占》中收录了以"乙卯日"是否有风进行占候的谚语：

春乙卯风树头空，夏乙卯风禾头空，秋乙卯风水里空，冬乙卯风栏里空。

而且还有负责天气转折的关键日：

久晴逢戊雨，久雨望庚晴。

头伏有雨，伏伏漏。

如果入伏时有雨水，于是每伏雨水都偏多。换句话说，起点决定整个历程，伏旱是因为输在了起跑线上。

国外也有不少以关键日推测天气气候的谚语：

德语谚语：

Ist's an Lichtmess hell und rein, wird ein langer Winter sein.

英语谚语：

If Candlemas is bright and clear, the winter will be long.

[圣烛节（2月2日，纪念圣母玛利亚洁净礼的基督教节日）如果晴朗，冬季就会更漫长。]

St.Swithin's Day if thou be fair, 'Twill rain for forty days no mair.

St. Swithin's Day if thou dost rain, For forty days it will remain.

[圣斯威逊节（7月15日）如果晴天，后面的40天也少雨；如果下雨，后面的40天也多雨。]

这相当于在夏季的中间点，预测夏季的后半程雨水偏多还是偏少。

在欧洲，很多宗教节日往往被当作判断下一个季节气温高低或降水多寡的关键日，并且也常常当作季节转换的时间节点。

例如在德国：Wie der Quirin, so der Sommer. 过完圣基里纳斯节（3月30日），便是夏天了。

还有一些关键日，是负责主导某类天气或某一时段。

清代《清嘉录》中收录了关于雷雨和梅雨的关键日：

白龙瞟娘，必主雷雨。（是说农历五月十三为白龙生日，雷雨天气增多。）

春打雷，春雨随。（雷电，是冷暖气团交战时交战规模的重要指示标。）

雨打黄梅头，四十五日无日头；雨打黄梅脚，四十五日赤田吟吟。

明代张存绅的《雅俗稽言》中说：

大旱小旱，旱不过五月十三。

不怕五月十三漫，就怕五月十三断。

二十分龙廿一雨，石头缝里都是米。

（农历四月二十为小分龙，五月二十为大分龙。）

春长春雨多，春短春雨少。（立春节气在正月谓之春长。）

雷打惊蛰节，还有三场雪。

要得晴，看清明；要行雨，看谷雨。

雨打小暑头，晒死老黄牛。

六月初三，海龙王教囝。

农历六月初三，是海龙王教授其子女面对风浪的日子。所以这一天前后，海浪大，波涛汹涌。

六月初六下雨旱秋冬。

彭祖忌，有风有雨唔成事。

有雨无雨，六月十二定局。

六月十二彭祖忌，无风嘛有雨意。

嘛，含有肯定之意。农历六月十二是彭祖的忌日，那一天不是刮风就是下雨。

六月十九，无风水嘛吼。

农历六月十九，是观音生日，这一天即使不刮风也会下雨。

八月初一下一阵，旱到来年五月尽

八月八落雨，八个月无焦土。

如果（农历）八月初一下雨，未来十个月都缺少雨水。但如果八月八那天下雨，那么未来的八个月里都不会缺少雨水。也就是说，白露前后下雨，可以一直到清明时节都雨水丰沛。

十月初一阴，柴炭贵如金。

十月初一阴天，很可能是冷冬。如果能够如此简洁地推测即将到来的是冷冬还是暖冬，就太完美了。但时至今日，关于冷冬还是暖冬的预测，还是一个悬念丛生，令气候专家"烧脑"的命题。

再看看试图决定月度天气的关键日：

初一不明，半月不晴。

初一下雨本月旱，十五下雨半月烂。

上怕初三雨，下怕十六阴。

初一初二独头雨，初三雨不止。

有的认为初一决定了半月甚至整月的天气，也有人认为初一初二下雨也是"独头雨"，与其他时段的天气并无关联，而初三才是预兆的关键所在。

正月足不足，且看三个六。（指初六、十六、二十六的雨）

还有以三个"八"（正月初八、十八、廿八）进行"综合性"的推测：

头八晴，种得成；二八晴，好收成；三八晴，好年成。

如果三个"八"都是晴天，就再完美不过了。

上看初三，下看十七。

上半月看初一，下半月看十七。

上半月看初二三，下半月看十五六。

坏了初二三，整月地不干。

初一落雨初二晴，初三落雨变泥羹。

初三初四不见月，模模糊糊半个月。

雨打初四五，一月无干土。

七阴八不晴，逢九放光明。

七阴八下九不晴，十一十二找找零。

不怕十五下丈雨，就怕十六没好天。

不怕初一十五下，就怕初二、十六阴。

月初无雨望十三，十三无雨整月干。

正月二十晴，阴阴沉沉到清明。

长晴看廿三，长雨看初三。

要知未来瘫不瘫，就看农历二十三。（瘫，指雨涝。）

雨打二十五，下月无干土。

有的认为一个月之中，上中下旬各有一个关键日；有的认为上旬有一两个关键日，掌管上半月，中旬有一两个关键日，掌管下半月。下旬的关键日甚至可以左右下个月的天气走势。

古人认为，不同时节，特别是每个关键节点都有一种天气为"正气"，如果恰好出现，预兆着正常气候，否则可能导致灾异。

清明宜晴，谷雨宜雨。

立夏要热，小满要满。

四月以清和天气为正。

五月宜热，谚云：黄梅寒，井底干。夜宜热，谚云：昼暖夜寒，东海也干。

（农历四月）初一初二雨，典庄卖儿女。

四月初一晴一晴，条条河里好种菱。

古人认为，四月之初不宜雨，下雨便是歉收的征兆。

谚语中很多夸张的表述方式，或许是希望引发关注或重视的一种方法吧。

七月三日有雾岁熟。

立秋日申时有赤云宜粟。

观察天气，还要精确到时辰，以及方位、天气要素。有关键日，也有关键时辰，还有关键周，一则英语谚语这样说：

If the first week in August is unusually warm，the winter will be white and long.（如果八月的第一周太热，冬天可能多雪而且漫长。）

实际上古代还有一类谚语是"祥瑞类"谚语，思维与关键日谚语近似。只不过，后世渐渐地不再把那些谚语归入天气谚语的"门户"。

黄昏鸡啼，主天恩好事，或有减放税粮之喜。

紫燕来巢，主其家益富。

关键日占卜，古时说者多家，用者甚众，但对占卜应验的概率统计很少，很多粗线条的定性占卜更多的是具有某种玄学意味。

关键日类的天气谚语，虽然规矩多，结论宏大，但往往失于玄虚。在流传的过程中，渐渐被冷落。翻阅这些谚语，便会隐隐约约觉得，字里行间透露出两个字：敬畏。

三六九，出门走；二五八，好回家，各种烦琐的吉凶宜忌预测。可以想见，如果能够被天气实况所印证，那么"性价比"如此高的谚语，必然是最热门的天气谚语，可它们在应用层面渐渐淡出，也正说明：（天气）实况是检验谚语的唯一标准。

虽然这类谚语变得越来越"非主流"，但这类谚语的内在逻辑却体现着古人不拘泥定式的灵动思维。

认知气象的能力再"骨感"，认知气象的欲望也必须始终"丰满"。

一些关键日谚语，因为与气候规律暗合，所以具有指征意义。

如小旱不过五月十三，大旱不过六月二十四。古人之所以将五月十三、六月二十四作为旱情结束的关键日，是因为农历五月十三是关公磨刀日，老天总得赐予磨刀水吧，农历六月二十四是关公生日，总得有雨水普济众生吧。

而从气候上看，在这则谚语流传的华北地区，前者是雷雨天气开始盛行之时，后者是主雨季。

总体而言，关键日谚语渐渐少有流传，说明这种笼而统之的判断方式，大多并不灵验。然而，我们必须意识到，古人或许明知不可为而为之，在月度、季度甚至年度预测方面一番执意尝试，算是一种曾经的路径探索吧。

天气
韵律类谚语

九里一场风，伏里一场雨（180天的韵律）。

无论是天气韵律类还是关键日类谚语，其出发点都是可贵而志存高远的。在人们对气象规律和机理缺乏系统认知的情况下，敏感、脆弱的要靠天吃饭的农民，是多么希望有一种方法，可以预知一个月、一个季节、一种作物的生长期甚至一年的气象变化，以及冷暖、旱涝、丰歉。

所以人们希望找到一种特别简易的判别方式来解析这个特别复杂的问题，使人们对于气象有更从容的预见，而不是只预知未来一两天的天气，希望能够以某种方式站得更高，看得更远。

这是悲壮的出发、负重的前行。如果说，这类谚语最终未能胜任，辜负了寄托，也一样值得现代人将其视为文化遗存。

所谓天气韵律，就是人们笃信，万物之间皆有关联，即使它们相距遥远，看似毫无相关性可言。于是人们以跳跃的思维，揣度两者之间的关联。

天气的变幻，有着节奏和韵律。季节的轮回，本身也如同韵律一般。于是人们大胆求索那些可能出现的"惊人的相似"和隐匿的相关。

● 八月十五云遮月，正月十五雪打灯

这是中国古代天气谚语中，几乎流传最广的一则。

学习气象之后，当我们常常为推测未来几天天气而大伤脑筋的时候，这则谚语常常让我们敬畏古人对于预见的勇气和胆识——那毕竟是在推测150天之后的天气啊！

其实在甲骨文中，我们就可以看到，天气占卜，并非预报明天有没有雨、刮不刮风那样简单。

兹云其雨。——这片云彩会下雨吗？（具体到某一朵云。）

兹雨惟孽。——这场降雨会造成灾害吗？（在天气要素的基础上，进行影响性评估。）

旦至于昏不雨。——白天到傍晚不会下雨。（确切到一天之中的不同时段。）

乙亥卜，今秋多雨。（着眼农事，需要前瞻下一个季节的雨水之多寡。）

生一月其雨？七日壬申雷，辛巳雨，壬午亦雨。——未来的一个月会有雨吗？结果是：第七天壬申日打雷了，第十七天申巳日下雨了，接着壬午日又下雨了。（针对未来一个月的天气趋势进行判断。）

每逢重大祭祀活动，还要提前"卜旬"，判断未来十天的天气趋势。所以自古以来，人们就没有仅仅满足于预知明天。

天气，往往存在着前后呼应的关系。有些事情在时间上仿佛相隔很遥远，但经常呈现出某种相关性。即甲事件发生，一段时间之后，乙事件发生。人们把某种天气出现后，若干天之后出现另一种天气的这种对应性称为天气韵律。

在从前的天气谚语中，汇集了先人对天气韵律的归纳总结。人们敢于

从看似飘忽、琐碎的气象细节中敏锐地去联想和捕捉微妙的关联。例如：

头伏遇浇，末伏遇烧。

雨洒伏头，旱扎伏尾。

从头伏的多雨，推测末伏的少雨。

立春暖，惊蛰寒。

从立春的气温正距平，判断惊蛰的负距平。

人们总结的天气韵律很多，有 7、15、30、60、90、100、120、150、180、210、240 天周期等的呼应关系。例如：

廿五廿六若无雨，初三初四莫行船。（7 天的韵律。）

旱初一，涝十五。（15 天的韵律。）

立夏小满田水满，芒种夏至火烧天。（30 天的韵律。）

寒露前后来寒潮、大雪前后见初霜。（60 天的韵律。）

立春大淋，立夏大旱。（90 天的韵律。）

立春下大雪，百日还大雨。（100 天的韵律。）

腊月雪多，四月雨多。（120 天周期。）

三九欠东风，黄梅无大雨。（150 天韵律。）

九里一场雪（风、雾），伏里一场水。（180 天的韵律。）

三月东风叫，十月北风笑。（210 天的韵律。）

预报的内容非常宽泛，可以是冷暖，可以是旱涝，可以是晴雨。总的来说，韵律思维延展了人们想象力的边界。

那么，从统计规律，或者预报价值的角度，"八月十五云遮月，正月十五雪打灯"这句话，真的准吗？

我们来选几个城市，比如北京、郑州（作为黄河流域的代表）、杭州（作为长江流域的代表），再选一个冬天特别容易下雪的代表——乌鲁木齐，这是四个城市 1951—2015 年的元宵节天气情况。

城市	元宵节降雪	前一年中秋云遮月
北京	9 次	5 次
郑州	8 次	5 次
杭州	9 次	7 次
乌鲁木齐	31 次	7 次

在这 65 年当中，看起来应验比例最高的地区，就是杭州。9 次元宵节降雪，其中有 7 次，前一年的中秋节都出现了云遮月。杭州的应验比例最高，所以"八月十五云遮月，正月十五雪打灯"这则谚语自南宋逐渐流行起来，也就不奇怪了（杭州曾为南宋行都）。

但是，咱们不能事后诸葛亮，正月十五都下雪了，再去说前一年云遮月的事儿，也没什么意义。从预报价值的角度，应该重点考察八月十五云遮月之后，正月十五雪打灯的概率有多高。

城市	中秋节云遮月	次年元宵节下雪
北京	20 次	4 次
郑州	27 次	5 次
杭州	29 次	7 次

这么一看，北京根据中秋节云遮月，预报第二年元宵节雪打灯的话，预报了 20 次，仅预报对了 4 次。相比之下，还是杭州的准确率最高，29 次预报准了 7 次。

所以真实的气候情况是：八月十五经常云遮月，正月十五偶尔雪打灯。

喊四五次狼来了，才有一次是狼真的来了。

虽然杭州 78% 的雪打灯都成功地做出了预报，但问题是空报率太高。这就像狼来了的故事，您第一次预报狼来了，大家信了但是被骗了。第二次预报狼来了，大家又信了但又被骗了。那么第三次预报狼来了时，大家就已经不再相信了，尽管关于狼来了的第三次预报是准确的。

不过，在灾害预警方面，大家更崇尚"宁空勿漏"，就是宁可空报也不要漏报。比如在美国，龙卷风预警也是预报四次能报对一次的水平。但人命关天，报对一次，便胜过虚惊三场。

所以从这个意义上说，"八月十五云遮月，正月十五雪打灯"还是有预报价值的。

那么问题来了，为什么人们在古代能从中秋的云遮月，联想到元宵的雪打灯呢？

第一，在古代没有天气预报，大家要自己去观察现象，还要去勾连现象与现象之间的关系。

第二，中秋和元宵都有天气依赖型的户外活动的习俗，中秋赏月云遮月，元宵闹花灯雪打灯，人们会留下异乎寻常的深刻记忆，也就很容易把这两件事勾连在一起。有的人只是觉得我想赏月的时候云遮月，想赏灯的时候雪打灯，够倒霉的，想法到此为止。但有的人更敏锐，就觉得这两件事之间好像有点儿什么关系，于是就每年做记录，觉得准确率还行，就编成一则谚语。更多的人读到这则谚语的时候，唤醒了记忆，引发了共鸣。当然，大家的记忆，也是选择性的记忆，因为对中秋节和元宵节的天气记忆更深刻，就像很多人觉得，学校开运动会就容易下雨是一样的选择性记忆。

于是问题又来了，中秋云遮月和元宵雪打灯之间在气候规律上是不是真的有关系呢？

答案是，还真有关系。冷空气的活动具有30天的准周期，这就像我们一日三餐，具有周期性一样，而吃每顿饭的具体时间又不是那么严格精确、分秒不差，所以叫作准周期。从八月十五，到正月十五，150天，正好踩在30天准周期的这个"点儿"上。所以八月十五有冷空气，正月十五也就容易遇到冷空气。就是说这则谚语，不是瞎猜的，而是建立在不太稳固的科学基础之上的。

但是为什么四五次云遮月，才能换来一次雪打灯呢？

第一，准周期只是个大概，不是必然。

第二，有云遮月相对容易，但要有雪，还需要有暖湿气流跟冷空气约会，可是这个约会，它们两位只要有一位没有来，或者没有按时来，又或者约会地点临时变更，雪打灯就会取消。可见，在限定时间、地点的前提下，冷暖空气的成功约会，是多么不容易。基本上是约了五次，才能见上一次。

乌鲁木齐的"八月十五云遮月，正月十五雪打灯"		
元宵节31次降雪		根据中秋云遮月，预报元宵雪打灯
报出了7次降雪		7次预报降雪，7次下雪
正确率22.5%	漏报率77.5%	空报率0

但乌鲁木齐可不一样，冷空气不需要特地约暖湿气流，它只要跟天山约会就能下场雪。天山呢，是天天在原地等着它，所以冬天下场雪就太容易了。乌鲁木齐是八月十五云遮不遮月，正月十五都有可能雪打灯。用狼来了的故事来比喻，就是喊一次狼来了，其实狼已经来了五次了。所以乌鲁木齐是一个特例，完全不能用"八月十五云遮月"作为"正月十五雪打灯"的预报依据。

对于大多数地区来说，中秋云遮月很容易，元宵雪打灯却很难。而且随着气候变化，雪打灯会越来越难。

比如北京的正月十五雪打灯，3/4 发生在 20 世纪 70 年代以前；郑州的正月十五雪打灯，全都发生在 1985 年以前；杭州的正月十五雪打灯，2/3 发生在 1985 年以前。别说正月十五雪打灯了，就连冬天下场雪，都正在变成越来越稀有的现象。

还是以杭州为例，进入 21 世纪，平均每年的降雪日数只有 20 世纪 80 年代以前的一半左右。由于暖冬盛行，即使冷暖空气成功约会，您盼雪，最后等来的，却可能是雨。

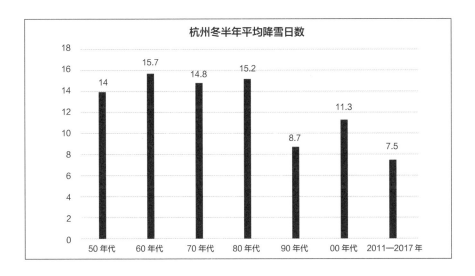

北京也是如此，不仅下雪越来越晚，还越来越难。2017—2018 年这个冬天，直到 3 月 17 日才迎来 2.7 毫米的一场降雪，连续 145 天无有效降水的历史纪录才就此终结。

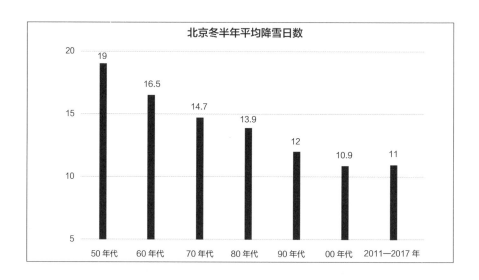

北京冬半年平均降雪日数

在中国最北端的黑龙江漠河，按理说下雪应该是家常便饭。但其实，漠河的降雪日数也在减少。60 年代最多的时候，一个冬天降雪日数 100 天，而 2016—2017 年冬天只有 38 天。

在《天气预报》节目当中，我们经常说到，新疆北部的局部地区有大到暴雪。在新疆北部降雪首当其冲的阿勒泰，20 世纪 50 年代最多的时候一年降雪日数 87 天，而到了 21 世纪，最少的时候，一年只有 29 天有降雪。

西藏聂拉木，几乎是整个中国最能下雪的地方，半个世纪当中降雪日数也锐减了一半。20 世纪 60 年代最多的时候一年有 130 天，21 世纪以来最少的时候一年只有 36 天有降雪。

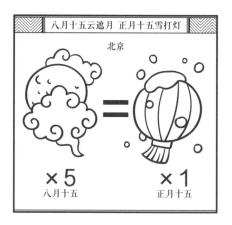

直到清代，人们依然信奉"八月十五云遮月，正月十五雪打灯"。

但在南方，是这样解读的：

邑人以中秋夜晴雨，占次年元宵晴雨，良验。

这段话有三层含义：一，这只是民间说法；二，是以八月十五的晴雨来预报正月十五的晴雨，是雨还是雪都可以；三，预报准确率很高。

对于农民来说，中秋云遮月没关系，能够换来元宵节的一场春雨或者瑞雪才更实惠。"但愿中秋不见月，博得元宵雨打灯"，这也体现了老百姓的天气价值观。

☁ 人们意念中，大神之间的斗法

● 你不借我磨刀雨，我不准你晒龙衣

如果（农历）五月十三不下雨，那么（农历）六月初六就很难晴天。

民间农历五月十三为关公磨刀日，六月初六是龙王晒衣日。谚语说的是，如果磨刀日没有下雨，晒衣日就可能下雨，形成反相关。

五月十三雨，关公磨刀水。

民间说农历五月十三下雨，是帮关公磨刀。如果那天不下雨，六月初六就很可能下雨，因为六月初六是龙王晒龙袍的日子，似乎是关公在报复龙王。

北方一些地区也有人认为农历六月二十四（关公生日）是干旱的终止日（其实正值北方雨季）：大旱不过六月二十四。

人们总是把神灵的性情人格化，似乎大神们也会相互吃个醋、闹个别扭之类的。比如，每年农历三月，信众庆祝妈祖诞辰的活动长达一二十天。

此时的天气往往时风时雨。民间就会传说，这是大道公与妈祖婆在斗法。

两位神明在对方生日人们迎神时呼风唤雨。妈祖以风把大道公的冠冕吹落，大道公则以雨将妈祖脸上的脂粉淋湿。

杜撰而已，神明不食人间烟火，也不动凡间心思。大道公生日是三月十五，妈祖的生日三月二十三，恰处于季节更迭、天气不稳定的时段，风雨当是常态。

实际上在欧洲，也有利用"天气韵律"推测气象的习惯，法国谚语中就有"圣诞暖和，复活节就冷"的说法。

英语中的这几则谚语也是依照天气韵律进行判断的：

A warm October means a cold February.

（如果十月暖，次年二月便冷。）

If the first week in August is unusually warm, the coming winter will be snowy and long.

（如果 8 月的第一周过于温暖，之后将是一个漫长而多雪的冬季。）

When March blows its horn, your barn will be filled with hay and corn.

（三月风大，乃五谷丰登之兆。）

德语中的一些天气谚语，同样是以天气韵律的方式，推测下个月甚至下个季节的气候特征：

Im Januar dickes Eis, im Mai ein üppig Reis.

（一月冰冻三尺厚，五月水稻长势好。）

Ist der Januar hell und weiß, wird der Sommer gerne heiß.

（一月天下雪，夏天定会热。）

Ist's im Februar zu warm, friert man zu Ostern bis in den Darm.

（二月天太暖，复活节冻断肠。）

Kalter Februar gibt ein gutes Roggenjahr.

（二月寒冷，黑麦丰登。）

● **干净冬至邋遢年**

这是一个在南方流传甚广的天气韵律谚语。

说法各异，版本众多，比如：

明正暗至。

晴冬烂年。

晴干冬至湿漾年。

冬至雨，必年晴。

干冬至，湿年兜。

焦冬至，湛过年。

焦，指干燥；湛，指潮湿。如果反过来，叫作冬至乌，年头酥。

台湾地区的说法是：冬节红，年冥濛。

但思路是相同的，即冬至与元日（春节）的晴雨呈反相关。

如果从气温方面对比，是：闷热冬至冷淡年。即冬至与春节的寒温（气温距平）也呈反相关。

类似的韵律还有：进九暖，出九寒。

其实干净冬至邋遢年之说乍一听便很难令人信服。因为都很难说清楚它们之间确切是多少天的天气韵律。冬至的日期大体是确定的，但春节的日期飘忽不定。

所谓邋遢年，可设定为春节那一天出现雨或雪；干净冬至设定为冬至那一天没有降水。

"干净冬至邋遢年"这则谚语的准确率应理解为冬至与春节天气的反向，即：

冬至无降水、春节有降水的概率 + 冬至有降水、春节无降水的概率。

我们就重点解析一下"干净冬至邋遢年"这则谚语。

这则谚语说的是冬至与春节天气之间的韵律。如果冬至没有降水（干净），那么过年的时候就很可能出现降水（邋遢），反之亦然。其本意是：降水的有无，冬至与春节恰好相反。

为了检验这则谚语的准确性，我们按照1951—2017年冬至和春节的天气实况，选取三个城市，北京（过年时降水概率较低，为13%）、南京（过年时降水概率适中，为43%）、杭州（过年时降水概率较高，为67%）。

年：指除夕和初一。都无降水视为干净年，否则视为邋遢年。

冬至无降水为干净冬至，有降水为邋遢冬至。

降水的有无，冬至与过年时相同还是相反？		
城市	相同	相反
北京	76.1%	23.9%
南京	56.7%	43.3%
杭州	50.7%	49.3%

通过计算，无论是在北京还是南京、杭州，降水的有无，冬至与过年时都不存在显著的反相关关系。换句话说，干净冬至与邋遢年这句话并不

准确。

但是，我们不能轻率地否定一则流传甚广的谚语。

有一个问题，冬至的公历日期是相对固定的，而过年的公历日期却大不相同。理论上，最早的春节是 1 月 21 日，最晚的春节是 2 月 20 日。

于是，我们将春节划分为五个时段。

通过分段验算：当春节在 1 月 24 日以前（即与冬至间隔 30 天左右）时，干净冬至邋遢年（冬至天气与过年时天气相反）的准确率是最高的，南京达到 71.4%，杭州达到 85.7%，可以借鉴。而其他时段内的春节，预报准确率都很差。

也就是说，如果春节是在 1 月 24 日之前，干净冬至邋遢年这则谚语在长江中下游地区还是比较可信的。

当然，上面的计算分析，我们仅仅是用 67 年的天气数据去验算在长江中下游地区流传了超过一千年的古老谚语，任何结论都算不上确凿和充分。

其实，韵律思维由来已久。《淮南子》中便提出"六合"之说，即存在 180 天左右的韵律。

孟春与孟秋为合，仲春与仲秋为合，季春与季秋为合；

孟夏与孟冬为合，仲夏与仲冬为合，季夏与季冬为合。

然后，按照所谓"天人感应"的理念，认为某个时节的政事之失，也会在对应的某个时节发生天气灾异。仿佛人在做，天在看，不是不报，时候未到，到了某个韵律相关的时节就会受到上苍的惩罚。

正月失政，七月凉风不至；二月失政，八月雷不藏；三月失政，九月不下霜；

四月失政，十月不冻；五月失政，十一月蛰虫冬出其乡；六月失政，十二月草木不脱；

七月失政，正月大寒不解；八月失政，二月雷不发；九月失政，三月春风不济；

十月失政，四月草木不实；十一月失政，五月下雹霜；十二月失政，六月五谷疾狂。

渐渐地，韵律思维普及到人们占卜天气的日常。韵律之多，不胜枚举。

古人认为九与伏相对应。所谓"坐九望伏"，并不是说经历着数九的冷，向往着数伏的热。而是通过数九的天气来判断数伏的天气，农闲时盘算着农忙时节的天气。

数九风多，数伏雨多。

九不冷，伏不热。

如果伏不热会怎样呢？

三伏不热，五谷不结。后果很严重。

所谓数九与数伏之间的天气韵律，并非只是数九的天气影响到数伏，而是双向的相互影响。反过来：

三伏不热，一冬无雪。

三伏天送扇，三九天送炭。

- **发尽桃花水，必是旱黄梅**

有人将江南春夏的两个多雨时段分为（农历）三月的迎梅雨和五月的

送梅雨。

从降水量上看，是"迎梅一寸，送梅一尺"。但从降水的量化数据来看，并无寸尺之殊。除了春水与夏水之间的而韵律之外，人们认为各季节的降水之间都存在韵律：

秋水纷纷，冬雪满天。

冬至落一滴，夏至落一尺。

寒水枯，春水铺。

在长江中下游地区，表述（农历）三月的迎梅雨和五月的送梅雨之间的韵律，类似的说法还有：

春水铺，夏水枯。

桃花落在泥浆里，麦子打在蓬尘里。

落尽三月桃花水，五月黄梅朝朝晴。

意思是说，如果3月和4月桃花开放时春水过多，那么梅雨季节的降水量将会偏少。

那么，迎梅雨和送梅雨之间是否存在一定程度的反相关？或者说这则流传甚广的雨谚是否具有参考价值吗？

我们进行一个粗略的验证，选取南京、杭州、上海，1951—2015年3月下旬至4月中旬（迎梅雨）与6月中旬至7月上旬（送梅雨）进行对比。

以南京为例，1951—2015年，有32年"发尽桃花水"。在这32年中，有25年是旱黄梅，7年是丰黄梅。"发尽桃花水"之后，有78%的年份出现了旱黄梅。

以上海为例，1951—2015年，有29年"发尽桃花水"。在这29年中，有21年是旱黄梅，8年是丰黄梅。"发尽桃花水"之后，有72%的年份出现了旱黄梅。

南京、杭州、上海 1951—2015 年迎梅雨与送梅雨			
	南京	杭州	上海
发尽桃花水年份	32	29	29
对应旱黄梅年份	25	12	21
发尽桃花水，却对应丰黄梅年份	7	17	8
出现旱黄梅年份	41	39	43
典型例子 上海：1959 年桃花水历史第二多，对应当年旱黄梅历史第二少			

相关关系比较显著，算是比较灵验。

但在对杭州的统计中，1951—2015 年里有 29 年"发尽桃花水"。在这 29 年中，有 12 年是旱黄梅，17 年是丰黄梅。"发尽桃花水，必是旱黄梅"这句话难以应验。

可见这则谚语，时间上，各年无法实现"必是"；空间上，无法体现普适。

梅雨量的年际差异往往很大，以南京为例，多时可以超过 700 毫米，少时可以低于 30 毫米。依照前期降水，推测梅雨之丰枯，是很有意义的。

在没有天气形势概念的年代，能够着眼于两段时期降水多寡的呼应，并具有一定的准确性，其思维方式非常值得称道。

雨水是人们的天气聚焦点，所以天气韵律谚语，大多是雨水（多寡）的韵律，其次才是寒温的韵律。

初冬寒，春雨多。

冬有怪风，夏有恶雨。

头九二九下了雪，头伏二伏雨不缺。

风吹上元灯，雨打寒食坟。

二月二大水立夏旱。

四月多雨，六月少雨。

霜降无雨，清明断车。

三丰四欠梅里补。（农历）三月雨多，四月雨少，于是梅雨降水量大。

七月初一响雷公，七月十四起大风

四九暖，中伏凉。

初雷早，初霜也早。

四九欠霜，谷雨补霜。

国外天气谚语中，描述天气韵律的谚语比例也并不低。

德语谚语：

Wenn's im Februar nicht schneit，schneit's in der Osterzeit.

（二月不下雪，复活节必有雪。）

Auf trockenen，kalten Januar folgt viel Schnee im Februar.

（一月干冷，二月多雪。）

Oktober und März，gleichen sich allerwärts.

（十月和三月，完全一样。）

英语谚语：

Observe on what day in August the first heavy fog occurs，and expect a hard frost on the same day in October.

（八月的哪一天浓雾，十月的哪一天也会浓雾。）

当然，很多天气韵律的谚语反映的是一种粗略的关联，体现的是人们对于天气周期性的一种判断，往往出自直觉，然后再以数据统计来证实或证伪。

这类谚语是在对大气运动的机理缺乏科学认知的前提下，一种质朴的、时而体现灵验的较长时效的推测。在那样的时代，能够在季节循环的这种周期性的基础上，找寻更多的周期性，这种认知和研判的思维本身，已然是大智慧！

节气类谚语

清明断雪，谷雨断霜。

古代官方为什么要观测气象？

第一是为了检验政事，第二是为了体察民情，第三才是为了占卜天气。但对于老百姓而言，为什么要观测气象？只有一个理由，因为要靠天吃饭。在战略上，"种田无定例，全靠看节气"；在战术上，"死节气，活办法"。

所以在我们生活的土地上，人们创生出大量的节气谚语。所谓见识，就是先有见而后有识。

节气，是中国古人独特的时间法则。除了二十四节气之外，还有数伏、数九等独特的时间划定，还有二月二、三月三、五月五（端午）、六月六、七月七（七夕）、九月九（重阳）等所谓"日宜类"时间节点，还有元宵节、中秋节等朔望类的时间节点，人们也往往将它们视为"杂节气"。

人们善于也乐于从瞬间找到时段的规律，从偶然找到内在的必然。所以节气当日的天气成了一种常态化的预兆指标。

节气类谚语中，第一类是描述时令气象及其预兆意义的，而且人们认为节气前后天气本身就多变，要聚焦这个"风向标"。第二类是描述时令农事物候的，节气是其节奏和段落的标识。第三类是与其他节气或关键日之间的韵律的，因为人们认为节气之间存在遥相关。有的是反相关，如"暖惊蛰，冷春分""小暑凉飕飕，大暑热嗷嗷"；有的是正相关，如"小暑对小雪，大暑对大雪"。实际上，节气类谚语与其他类别的谚语在"预报"理念上多有重合，但又以其独特的时间体系，可以作为一个独立的谚语类别。

时令气象及其预兆意义

☁ 时令气象

> 立春一时到，百草眨眼笑。
> 立了春，冻断筋。
> 打了春，四十八天顶牛风。

如果从二十四节气起源地区的气候来看，立冬，与气象意义上入冬最近；立春，离气象意义上的入春最远。天虽尚寒，心已向暖，立春所具有的象征意义远大于气象意义。

此时，冷气团是主，暖气团是客，尚未"反客为主"，打春阳气转，化冰冻人脸。

但暖气团时常小试身手。立春之后，冷暖气团交战增多，频繁胶着，风向开始呈现多变和顶牛的态势。乍暖还寒，冷暖交替的节奏加快，所以也有立春暖一日，惊蛰冷三天的说法。

冷与暖都很难稳固，暖意初来，可能又被迅速"镇压"，甚至阳春三月，暖气团已占上风之际，也还会有冷空气杀个回马枪"复辟"一段时间，即所谓"倒春寒"。

推测春天的风向，是一件特别纠结的事情。如果风向多变，很容易出现降水，正所谓"风是雨头"，所以风倒三遍，不用掐算，还掐算啥呢，可以闭着眼睛预报降水了。

如果暖气团"一家独大"，冷暖刚一交手，冷气团便"退避三舍"，暖气团完全占领本地，气温飙升，降水反而稀少。如果冷暖经常"顶牛"，降水会比较多，断断续续地经常出现俗称的"牛筋风雨"。因为春季暖气团在阳光的护佑下，实力大增，冷气团如果还能来"顶牛"甚至"反扑"，便说明冷暖气团都是"大力士"。代表双方战斗"伤亡"情况的降水，也就异常偏多。"春日寒者，有久雨"（见唐代黄子发《相雨书》）"春月宜和暖，而反寒必多雨"（见明代徐光启《农政全书》）所描述的，便是这个道理。

谚语说：春寒雨至，冬寒断滴。春天时天气偏冷容易多雨。而冬季如果天气偏冷，说明冷高压更为强大，暖气团根本无法"染指"，本地完全没有冷暖相遇的机缘，晴朗、干燥，降水甚至少到断滴的程度。

当然，在隆冬时节，偶尔也会有暖气团"贸然"进攻。这种情况在全球气候变暖的背景下，概率更是有所提升。但是一日赤膊，三日头缩（也作："一日赤膊，三日龌龊"），突然增暖，气温"虚高"，容易招致冷空气前来"平乱"，所以古人说："大寒须守火，无事不出门。"见清代梁章钜《农候杂占》。

不过，所谓四十八天，只是一个约略的说法。

打了春，四十日摆条风。

打了春，四十五天扭头风。

其他一些谚语可作为"旁证"，无论是四十几天，都是描述立春之后一段时间的风比较乱，比较随性。

那种忽冷忽暖的"顶牛"现象，往往会延续约一个半月的时间。

英语的一句天气谚语有着相近的韵味：

March comes in like a lion and goes out like a lamb.（三月，来时凶猛如雄狮，走时温顺如羔羊。）

三月初，还是冷暖交锋时期，天气多变；而三月底，暖气团逐渐"定居"，天气也就显得温顺了。

日语谚语：

暑さ寒さも彼岸まで。

相当于我们的谚语：冷到春分，热到秋分。

乌寒正二月。人们感觉最冷的是阴雨连绵的农历正月和二月。

二月寒死播田夫。尽管小寒大寒时最冷，但人们毕竟可以在室内御寒。农历二月耕作时节，水田里的农夫最能体验到刺骨之寒。

清明谷雨，寒死老虎母。（不拘雌雄）清明谷雨时节，反而可能会特别冷。倒春寒往往使人措手不及，甚至穿着"皮大衣"的老虎都有可能被冻死。

- **清明断雪，谷雨断霜**

对于节气起源地区而言，气候平均的终雪日期大约在春分前后，最晚终雪日期一般是在谷雨二候的 4 月底。所谓清明断雪，并不是指清明时节不再下雪了。2013 年的谷雨节气，晋冀鲁豫等地还曾遭遇了一场漫天飞雪。

清明断雪之断雪，是指地面不再容易形成积雪了。节气起源地区的积雪一般在惊蛰时节消融殆尽，而最晚的积雪是在 4 月 10 日左右，也就是清明时节的前半段。

节气起源地区终霜的气候平均日期，一般是在 3 月底，而最晚终霜基本上都是在 4 月 20 日谷雨前后。

所以"清明断雪，谷雨断霜"这则谚语的正确语义是：清明时节不再有积雪了，谷雨时节不再有霜冻了。而且所谓"断"，不是按照气候平均，而大体上是历史最晚。换句话说，这则谚语的可信度是极高的，因为它所说的，不是"少见了"，而是几乎"绝迹了"。

那么为什么要舍弃平均值而是几乎以极值来界定霜雪的终结呢？

一则英语谚语说得很直白：

The first and last frosts are the worst.

（对作物而言）初霜和终霜是最恶劣的。

因为大多数农作物存活与生长依赖于无雪无霜的状态。如果谚语仅仅统计了气候均值，那么相当比例晚于气候均值的终霜和终雪将给稚嫩的春播作物造成致命的危害。只有基本上以最晚终霜和终雪作为指标，这则谚语才能具有足够的稳妥。指标设定得如此严苛和谨慎，正是为了靠天吃饭的人们能够得到极大概率的安全。

霜杀百草，初霜伤及的是深秋已届成熟的老年作物，终霜伤及的是阳春尚显稚嫩的幼年作物，属于严重侵害老幼的行为。清明（谷雨）不断霜，三麦要受伤。

吃了清明饭，晴雨出田畈。春播之际，人们自然最关注终雪和终霜。

既然初霜和终霜是最有害的。于是，初霜，以霜冻节气来表征，终霜，以谷雨断霜来表征。

● **一夜春霜三日雨，三夜春霜九日晴**

这则谚语表征霜与晴雨的关系。所谓三、九，并非确指，只象征大致的时间长与短。如一夜雷，七夜雨和一夜雷，三日雨。

霜是空气冷却后多雨的水汽遇到冷的物体表面所产生的凝华现象。如果冷空气很弱，能弄出一夜霜就不错了。随后，冷空气移走，本地转受低气压控制，随即降水。但如果冷空气非常强，足以制造多日霜冻，既不易变性，也很难被驱离，可固守此地较长一段时间，造就连晴天气。

《齐民要术》中说道：天雨新晴，北方寒彻，是夜必霜。晴夜容易出霜，因为夜里地面向空中散失热量，没有云层就相当于大地晚上睡觉没有盖被子。宋代便有诗云："云护霜天晚。"有云就不大容易出霜。所以深秋时节的阴天，也被称为"护霜天"。

● 立夏斩风头

《淮南子》有云："立夏，大风济。"进入立夏，北方干燥少雨，增温快；南方湿润多雨，增温慢。气温的南北差异变小了，甚至北方时常出现气温"大跃进"的现象，30℃都不在话下。即使有冷空气南下，到达南方之前，途经暖意融融的北方时，已经快被"加热"了，所以也就很难再用狂野的风来展现它原来的"暴脾气"了。

因为"热胀冷缩"，所以冷空气更密实，气压更高；暖空气更"空虚"，气压更低。但是随着南北温差的缩小，南北的气压梯度降低了，风力逐渐减弱。对流性的天气，会有雷雨伴随大风，但几乎都是"短时雷雨大风"，只能算是短暂的个案。节气歌谣中的"春分地皮干"是因为常常刮大风，而"立夏鹅毛住"是因为很少刮大风。

● 小满大满江河满

南方的暴雨增多，降水过程频繁。和风细雨少了，疾风骤雨多了，雨水常常以急促而凶悍的方式降临，超出地表的承载能力，河水暴涨、乡村没田、城市"看海"的事情开始多起来了。

从南方到北方，雨季渐次揭幕：

有的雨季从立夏就开始了：立夏小满，雨水相赶。

有的是以小满为降水的主力时段：小满大满江河满。

有的是雨季横跨芒种、夏至：芒种夏至是水节；芒种夏至，雨仔出世；而且夏至未过，水袋未破。

有的雨季集中在小暑大暑：

小暑西南风，禾苗被水冲；小暑西北风，鲤鱼到屋中。

小暑放河，大暑放浪。

大暑小暑，灌杀老鼠。

从农候上看，小满是麦子籽粒乳熟、将满未满的时节，芒种是收麦子、种稻子的时节。夏收要紧，秋收要稳，与秋收相比，夏收节奏更快。毕竟法律有宽大，节气不饶人。

农耕社会起源的节气中，小满和芒种是物候节气，也是与农桑关联度最高的节气。作为两种主要的粮食作物，稻、麦对于天气的习性喜好是完全不同的。

稻要热，麦要凉。

稻要泡，麦要燥。

春争日，夏争时。

有些地方是芒种更忙：小满赶天，芒种赶刻；

有些地方是小满更忙：小满金，芒种银，夏至插秧草里寻。

满，既可指籽粒之饱满，也可指雨水之盈满。

小满不满，干断田坎。

小满要满，芒种不旱。

"小满大满江河满"这则谚语对应的是华南地区的状况，就气候平均而言，小满时节的降水量往往仅次于芒种而名列"亚军"。而北方地区在小满时节，往往正是阳光明媚，干热天气逐渐盛行之时。

往往在清明前后，华南地区便已陆续进入一个多雨时段，正所谓华南前汛期（2016年更是刚过春分，3月21日，汛期便早早拉开帷幕）。一直到端午时节，人们赛龙舟的时候，同样容易出现比较大的降水，所以俗称"龙舟水"。每年4~6月，副热带高压首先在华南地区"上岸"，这里便成为冷暖气团交兵的主战场。频繁的降雨，使江河迅速地"喝饱"了水，于是我们通过新闻时常能够听到某某江河的河段超过警戒水位，甚至某些地区出现内涝和渍害。

● **芒种夏至是水节**

这则谚语揭示的是，芒种、夏至是降水量最大的两个节气。

我们先从全国通盘状况来进行验证。

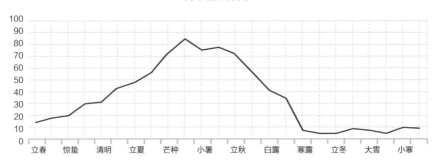

降水量走势图

各个节气的全国气候平均降水量（单位：毫米）

各个节气的降水量分布，基本印证了"芒种夏至是水节"的说法。毕竟芒种、夏至的降水量名列前茅。但如果我们进行排名细分先后地梳理，全国平均降水量排在前五位的节气依次为：夏至、大暑、小暑、立秋、芒种。

说明就全国平均而言，"芒种夏至是水节"的说法有些牵强。

那么，"芒种夏至是水节"这句话更适应于哪些地区呢？最好是芒种、夏至的降水量恰好排在二十四节气中的前两位。

部分省区各节气的气候平均降水量（单位：毫米）					
	广东	湖南	湖北	河南	河北
立春	41	44	26	10	2
雨水	45	48	32	13	4
惊蛰	40	56	36	17	4
春分	78	73	43	15	7
清明	88	84	55	16	7
谷雨	114	91	73	30	17
立夏	115	96	68	38	20
小满	150	100	76	34	20
芒种	179	117	85	40	34
夏至	145	106	123	79	55
小暑	112	74	104	89	77
大暑	135	72	80	86	83
立秋	131	70	78	80	63

我们选取的样本是沿京广线一路向北的省份。如果以气候平均降水量排在前两位称为"水节"的话，那么广东是"芒种小满是水节"，湖南是

"芒种夏至是水节";再往北,湖北是"夏至小暑是水节",河北和河南是"小暑大暑是水节"。

可见各地的"水节"节气各不相同。真正符合"芒种夏至是水节"的,大体上是江南一带。很多谚语,体现了明确的地域上的适用性。

夏至前,蟹上岸;夏至后,水上岸。

夏至,风台著出世。

夏至一到,台风季也就要开始了。一年中初台(第一个台风在中国登陆)的平均日期是 6 月 29 日,夏至时节。

六月雷,七月涌;六月菝仔,七月龙眼。

六月雷最多,七月浪最大。六月盛产番石榴(芭乐),七月盛产龙眼。

七月浪最大,与台风有着密切的关系。

六月无善北。意思是说农历六月没有善良的北风,因为或者有降雨,或者台风将至。夏风向西北,热络皮欲剥。夏季的东南风,会热得让人直想把自己的皮剥掉。因为这个时节平常吹南风,来了北风不同寻常,需要引起警觉。

小暑温驯,大暑热。

虽然小暑大暑都热,但相对而言小暑温驯一些,大暑的天气更难以忍受。湿度对于温度的加持,使大暑时节的桑拿感倍增。

立秋曝死泥鳅,处暑曝死老鼠。

小暑大暑不算暑,立秋处暑正当暑。

立秋时可以晒死泥鳅,处暑时能够晒死老鼠。这是江南对于节气天气

中国天气谚语志

的本地化描述。秋老虎盛行之时，依旧是盛夏之感。这段时间，在日本被称为"残暑"。

一场秋雨一场寒。

相当于立秋"一摆落雨一摆凉"。所谓秋雨，并非气象学意义上入秋之后的雨，而是立秋节气之后的雨。

处暑白露节，日热夜不热。

正所谓"一日而四时之气备"。昼夜温差大，仿佛一天当中包含了好几个季节。

寒露不算冷，温度变化大；中午暖洋洋，早晨见冰碴儿。（东北地区）

处暑有霜，白露也有霜；处暑无霜，白露也无霜。（内蒙古）

在南方还在感慨"立秋处暑正当暑""处暑天还暑，好似秋老虎"之时，北方已在瞄准寒霜的规律了。哪里会有霜呢？山怕处暑，川怕白露。

白露雨，寒露风，较圣过三公。

每年逢白露时节，雨水多。而寒露时节容易刮大风。台湾地区的民众认为这个规律的灵验程度，甚至高过司掌天、地、水三界的"三界公"之法力。

九月九燠日。

农历九月日照时间缩短，太阳晒的时候就好像稍微烤了一下而已。

九月九，收龙口。

台湾新竹，"九降风"晒柿

民间认为，下雨是龙口吐水。在农历九月九之后，龙闭嘴了，雨水就少了，而风开始大了。所以又有九月九，风吹满天吼之说。九月九，在人们眼中，是雨减弱而风走强的一个关键日。

农历九月霜降之后干燥的风，被通称为"九降风"。晾晒柿子的时节，九降风如同天助。

● **九月九降风**

农历九月九之后强烈的东北季风，被称为九降风。农历九月时温度和湿度都会下降，盛行寒冷干燥的北风。

市井之间，也有九月起九降，臭头仔扒伅控的说法，是说农历九月风大了，有人就要尴尬了。谁呢？就是平常戴着帽子遮掩疮疤的"臭头"者。

这类谚语，虽描述了气候，但有嘲讽和歧视他人之嫌。

● **小雪封地，大雪封河**

这是正常的物候。否则，大雪不封河，来年疾病多；大雪不冻地，惊蛰不开天。

但随着气候变化，往往是：小雪封地地不封，大雪封河河无冰。

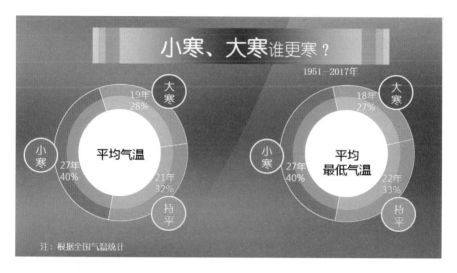

● **小寒胜大寒，常见不稀罕**

我们经常被问到这样一个问题：小寒大寒谁更寒？

其实是小寒更胜一筹！

根据 67 年（1951—2017 年）的全国平均气温数据：

有 40% 的年份，小寒时节更冷；

有 28% 的年份，大寒时节更冷；

有 32% 的年份，大寒和小寒之间是"没大没小"，基本持平。

67 年中，以寒冷程度论，小寒与大寒的"巅峰对决"中，小寒以 27

胜 21 平 19 负的"冻人"战绩荣获二十四节气联赛冠军！

名分和称谓虽有大小之分，但小寒并不小！我们不能因其小而轻视其寒！

在东北，有这样的谚语：

有酷冷小寒，无冰冷大寒。

只有冻死人的小寒，没有冻死人的大寒。

记得朝鲜语中有一则谚语，也是调侃小寒比大寒更冷的：

大寒去小寒家做客，结果冻死了。

那么问题来了，既然它最冷，可是为什么却被称为小寒呢？

或许有以下三个原因。

一是古人界定寒冷程度并非依据气温的量化方式，而是基于人的主观感受。小寒时，天气虽然很冷，但人们的耐受力尚可，不觉得已冷到极处。等熬到大寒时，人已被寒冷折磨得力倦神疲，所以会觉得大寒更冷一些。

二是天气由北到南渐趋寒冷，如果以最冷旬来衡量，北方地区的最冷时段几乎都是一月中旬，而南方地区的最冷时段往往是一月下旬。大体上有着一个旬的滞后。所以不同的区域，也可能会得出不同的结论。不能以全国笼而统之的数据作为定论，毕竟没有多少人生活在全国平均气温中。有些地方，完全可能是大寒更冷。

三是寒之大小未必以气温来衡量，"小寒时天寒最甚，大寒时地冻最坚"。"地冻"需要一个由上至下的渐进过程，比气温的下降要缓慢许多。"小雪封地，大雪封河"，不同下垫面的封冻，其早晚也存在显著差异。相对而言，地冻有多深有多硬，更加直观和物化。如果以地冻程度来界定谁更寒冷，也是可以理解的。

通过分区域、分年代的细化计算，20 世纪 50 年代和 20 世纪 60 年代各地都是小寒更冷。20 世纪 70 年代起开始出现分化，20 世纪 70 年代北方大寒更冷，南方小寒更冷。20 世纪 80 年代在多数地区大寒更冷。20 世纪 90 年代至 21 世纪 10 年代，北方小寒更冷，南方大寒更冷。显然，在不同区域、不同年代，会有不同结论，不能一概而论。

☁ 预兆意义

打春三日阴，当年有倒春。
立春暖洋洋，小满遍地黄。

雨淋春牛头，农夫百日忧。

惊蛰热，要反春。
未到惊蛰先动鼓（打雷），幽幽雅雅四十五。

● **两春夹一冬，必定暖烘烘**

所谓"两春夹一冬"，是指在农历的一年之中，有两个立春，冬季被这两个立春夹在中间。此谚语认为出现这样的状况，这一年气温偏高的概率非常大。

相反，如果农历的一年没有立春日，便被称为"盲年"。

农历的"双春"（两春夹一冬）"单春""无春"（盲年），一般是 19 年为一个周期。在每个周期中，"双春"和"无春"各有 7 年，而"单春"只有 5 年。大凡农历闰年，都包含 25 个节气，即"双春"年。

关于"两春夹一冬"，还有对于年景的判断，"一年两个春，豆子贵如金""两春夹一冬，十个牛栏九个空"等说法。

通过对近五十多年来的"双春年"和"无春年"气温距平进行比对，尽管存在微小差异，但由于年份样本数有限，尚不足以进行证实或者证伪。不过可以看出，气候变暖的年代际变化远远高于"双春年"与暖冬之间的相关性。而且，这些年的气温距平来看，"两春夹一冬"也难以支撑"必定"暖烘烘这一结论。

清明北风当年旱。

清明怪风，伏里怪雨。

清明寒食风动土，刮到小满四十五。

清明不明，四十五天黄风。

清明无雨旱三月。

立夏一日雨，四十日雨。

立夏东南风，雨水均匀。

立夏西风没小桥。

立夏西北风，有雨也稀松。

立夏起南风，鲤鱼哭公公。

芒种前扁豆开花，主水。

芒种雨六月旱。

芒种无雨旱天高，芒种有雨大水涝。

芒种雨后日日雨。

芒种闻雷有冬旱。

夏至东风恶过鬼，一斗东风三斗水。

夏至东南风，半月大水冲。

夏至起西风，天气晴的凶。

夏至打西南，高山变龙潭。

夏至北风送雨来。

夏至逢酉三分热，夏至逢亥一冬晴。

夏至有雨十八河，夏至无雨干断河。

夏至大烂，梅雨当饭。

《田家五行》中记载："夏至前来，谓之犁湖；夏至后来，谓之犁途。"

是说水鸟鹈鹕如果夏至之前来，被称为"犁湖"，夏至之后来被称为"犁途"。以其嘴状如犁，湖言水深，途言水浅。也就是说，鹈鹕夏至前到来主水，夏至后到来主旱。

夏至有雷三伏冷。

夏至有雨三伏热。

那么夏至日如果下了一场雷雨，该如何解读呢？

多数地方的流行谚还是：夏至无雨三伏热。

六月六，龙袍嘛爱曝。

农历六月六，也泛指农历六月，因为经常是艳阳高照，皇帝也会于此日把龙袍拿出来晒一晒。（农历）"五月无焦土"的梅雨过后，是炎热暴晒的天气，正所谓（农历）"六月火烧埔"，正是人们晾晒衣物的上好时节。

小暑南，干断潭。

小暑南风十八燥，大暑南风点火烧。

小暑西南淹小桥，大暑西南踩入腰。

小暑西北风，鲤鱼上屋顶。

小暑雷公叫，鱼虾坝上跳。

小暑雷，倒黄梅。

小暑一声雷，七十二个野黄梅。

雷，也是盛夏时节常用的一类预测指标。

雨搭小暑头，二十四天不断头。

小暑小干，大暑大干。

大暑多雨秋水足，大暑无雨吃水愁。

立秋不下雨，二十四只秋老虎。

南方地区，开始处于庞大的副热带高压的笼罩之下，蒸发量加大，故
伏旱容易盛行。

长江中下游地区农谚：

五天不雨一小旱，十天不雨一大旱，一月不雨地旱烟。

大暑热不透，大热在秋后。

也就是说，总要有酷热，秋前无大热，秋后有老虎。有总量控制的
意味。

立秋西北风，秋后干的凶。

秋前北风秋后雨，秋后北风干到底。

秋前南风一场空，秋后南风雨祖宗。

指的是立秋节气之前如起北风，立秋节气之后就要下雨。如果在立秋之后起北风，就有一段时间不下雨。这是以立秋节气前后的风向来预测秋天是干旱还是多雨。南风的预兆意义恰好相反。

六月立秋紧丢丢，七月立秋秋里游。

这是早立秋，凉悠悠；晚立秋，热死牛的姊妹谚语，人们认为立秋的天文时刻在中午之前叫早立秋，中午之后叫晚立秋。立秋在农历六月叫早立秋，农历七月叫晚立秋。

白露大雨会烂冬。

白露无雨好年冬。

白露天晴冬不冷，中秋有雨误小春。

寒露天凉露水重，霜降转寒霜花浓。

立冬南风数九寒。

立冬刮南风，皮袄顺墙根。

立冬有雪半冬干。

立冬当日的雪，被称为"拦冬雪"，于是冬雪将少，春雨亦少。

冬至晴，稻熟年。

占卜预测的关键日，元日、冬至、立春，都是在农闲的冬季进行。冬季真是思想者的季节。农闲时，人们并未真的闲下来。难以胜数的针对来年冷暖干湿的判据型谚语，就诞生于寒苦隆冬，这是一个不产粮食但盛产谚语的季节。

可以直接根据冬至当日的天气进行推测：

冬至落一滴，夏至落一尺。

冬至一片白，夏至一片黄。

冬至晴，旱种靠不住。

冬至落雨深冬暖，冬至不落深冬寒。

可以直接根据冬至时节的天气进行推测：

冬节寒，深山老树发嫩根；冬节暖，冻死深山百鸟卵。

冬至暖，烤火到小满。

冬至不冻，冷齐芒种。

可以梳理冬至与其他节气之间天气的相关性：

冬至冷，夏至寒。

冬至湿，立春干；冬至干，立春湿。

可以根据冬至日在农历月中的位置：

冬在头，卖被去买牛；冬在尾，卖牛去买被。

冬至置月头，欲寒置年兜。是说如果冬至是在农历的月初，临近年关时就会非常寒冷。

价值观

立春宜晴，雨水宜雨。

立春雪水流一丈，打的麦子没处放。

睁眼（晴）春，年景好，闭眼（阴）春，年景差。

也可说明立春的天文时刻是白天还是夜晚。

立春和暖，农人鼓腹唱尧天

立春无雨是丰年。

雨水有雨病人稀，端午有雨是丰年。

雨水有雨庄稼好，春分有雨一片宝。

惊蛰天气暖，庄稼成光秆。

惊蛰闻雷米似泥，春分有雨病人稀。（特指江南）

惊蛰节日雾，粮食满仓库。

惊蛰宁，百物成。

人们希望惊蛰时的天气平和一些，不要过于跌宕和狂躁。

二月初二打雷，稻仔较重过秤锤。

在台湾地区，惊蛰打雷，表示气候正常，预兆风调雨顺，水稻丰收，籽粒饱满得重如秤砣。

如果不到惊蛰就打雷，未蛰先雷，会乌四十九工（天）。

未蛰先雷，人吃狗食。是说江南地区如果未到惊蛰，雷电早早盛行，可能会影响当年的收成。

在二十四节气起源地区，雷电活动大约历时半年之久，从 3 月下旬开始，到 9 月下旬结束。春分第二候"雷乃发声"，到秋分第一候"雷始收声"。

大体上，长江流域是在惊蛰时节开始打雷，诗云："微雨众卉新，一雷惊蛰始。田家几日闲，耕种从此起。"谚语云：惊蛰过，暖和和，蛤蟆老角唱山歌。

如果未到惊蛰就打雷，说明暖湿势力提前发动反攻，冷暖气团之间形成激烈的遭遇战。导致战斗过程中阴雨盛行，战斗分出胜负前气温跌宕起伏。

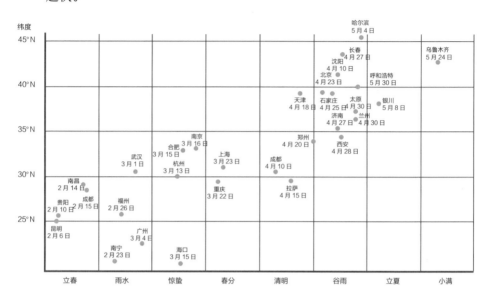

部分城市气候平均初雷日期

而黄河流域是在谷雨时节迎来初雷。所以在黄河流域，是：未到谷雨就打雷，庄稼受连累。倘若"未蛰先雷"，便更是异常了。

阳和启蛰，品物皆春，万物以荣。真正唤醒蛰伏的动物，使它们结束冬眠的，不是有声的惊雷，而是无声的温度。

所以，启蛰与雷无关。

冬眠结束的标志，是阳光所营造的温暖天气。动物的蠢动与植物的萌发，就次序而言，首先需要阳光，然后需要雨露。

如果初雷早早报到，说明暖气团已提前发力，进行"北伐"。

结果一：

未到惊蛰雷先鸣，大雨似蛟龙。

未过惊蛰先打雷，四十九天云不开。

不该多雨的地方，在需要阳光的时候，却成为冷暖气团的"交战区"，导致日照匮乏，升温缓慢。而本该多雨的地方，在需要雨水的时候，成为暖气团的"占领区"，从而快速回暖，蒸发加速，导致春旱。于是，多地气候出现紊乱。

结果二：

暖气团虎头蛇尾，守不住仓促攻下的地盘，被冷气团"复辟"，引发倒春寒。

雷开始得太早不好，但如果结束得太晚呢？

相关的谚语很多：

秋雷暴，损晚稻。

霹雳雷，损晚谷。

雷打秋，对半收。

如果雷该"收声"的时候还不"住嘴"，说明暖气团不甘心撤退，或者撤退后再次反扑，总之威力尚存，秋响雷，十日暖。冷暖气团的相持，往往会导致秋雨过多，雷打秋，要漏秋。

所以过早不好，过迟不好，恰逢其时才好。

雷声打芒种，谷子满仓送。

当然，天气对于作物的影响并不绝对，各种草木对于天气也是"萝卜白菜，各有所爱"，判定利弊，并不能"一刀切"。

比如论气温，抗寒能力：菠菜＞芹菜＞高粱＞玉米，它们之间的抗寒能力可能相差 10℃以上。

比如对雨水多寡、地势高低的喜好，谚语说：

淹不死的韭菜，旱不死的葱。

旱芝麻，涝小豆。

旱西瓜，涝黄瓜，不旱不涝收南瓜。

火桃子，水栗子，不旱不涝收柿子。

旱枣涝梨渠边杨，洼地插柳柳成行。

动物也一样，有"旱羊涝马"，还有"旱苍蝇、涝蚊子"呢。

所以，即使秋雷晚，秋雨多，还会有"雷轰秋，禾多收"的说法。即使雷来得不早不晚，也会有"（农历）四月雷，满地贼"的忧虑，因为田间满地是害虫。

所谓"雷打秋"，只是粗略的说法。前人还有更细致的判别方式作为"补充条款"。比如：

雷打菊花开，半年米麦塞破街。

雷打菊花心，半年米麦贵似金。

是说终雷发生在菊花刚开的时候，收成可能还不错；终雷发生在菊花盛开的时候，就可能形成灾害。古人为了琢磨丰歉，真是颇费思量啊！

说起雷电，我们往往心生恐惧。但是辨别好天气、坏天气，不能光看它长相怎么样、人缘怎么样，还要看看它是否出自公心办实事。

雷电是做什么的？

它是从事"社会风气整治"工作的。老天爷担心天然环境质量恶化，就任命雷公、电母负责日常的监督管理和维护，这是一种纠错机制或者叫优化功能。雷电一能制造臭氧，保护大气层；二能激发负氧离子清洁空气；三能激活氮，制造大量免费的氮肥以肥沃土壤；四能消除大量细菌，净化社会环境；五能迅速降低不稳定的能量；六能震慑古代官员以自省自律。

雷电的工作作风是大刀阔斧，雷厉风行，但也很容易得罪人甚至伤人。当然，如果它们进行惠民工程的时候尽可能不扰民不致灾，不好心办坏事就更好了。但完美终究是不存在的。个性鲜明的天气优点突出，缺点也突出，人往往也如此。

春分雨三场，顶喝人参汤。

春分三场雨，遍地生白米。

春分有雨饱万户，芒种多雨饿千家。

春分有雨病人稀。

梁章钜的《农候杂占》中说：春分无雨病人稀。

但绝大多数谚语认为春分有雨有益健康，人们更乐于采信。

谚语在应用中具有自净能力，但现在应用的人少了也就无法通过实践进行甄别和改进了。

清明晒到杨柳枯，又有干面又有麸。

清明睁眼，一棵高粱打一碗。

清明杨柳望北拜，一年还了十年债。

清明一场霜，麦子一包糠。

清明风若从南起，定主田禾大欢喜。

清明宜晴，谷雨宜雨。

清明日雨百果损。

有的人希望清明时节最好是晴天，有人希望清明时节最好是雨天：

不怕清明雨，只怕谷雨风。

清明前后一场雨，好似秀才中了举。

清明前有雨兄弟麦，清明后有雨子孙麦。

显然，进入春季，人们对于天气好坏的判定标准出现明显分化。不同地区、不同作物的不同生长时段对于冷暖、晴雨有着不同的需求，往往你之所盼，恰是他之所怨。

立夏东风摇，麦子坐水牢。

立夏刮北风，旱断青苗根。

立夏有雨没风，麦子先收八成。

立夏有雨有风，麦子丢了三成。

立夏无雨甚堪忧，万物下种只半收。

立夏一场风，十穗麦子九穗空。

芒种无雨旱天高，芒种有雨多雨涝。

盛夏时节，各地冷暖、晴雨的规律各异。关于芒种的谚语说法繁多，结论往往相悖，有着极强的分寸感。

即使同是在江南，对于芒种雨也是两派观点：

芒种遇雨，年丰物美。

芒种雨，百姓苦，芒种须晴明。

芒种闻雷是好年。

芒种怕雷公，夏至怕北风。

一是着眼于雨对芒种时节本身的影响，二是着眼于芒种期间的雨涝与夏至期间的干旱。

芒种和夏至的降水距平之间存在反相关。人们希望下雨：

芒种不下，犁耙高挂。

芒种落雨忙种田，芒种无雨空过年。

但又担心芒种过涝，夏至过旱，毕竟夏至雨点值千金：

芒种雨连绵，夏至旱燥田。

芒种火烧天，夏至水满田。

芒种插的是个宝，夏至插的是根草。是说芒种时节正是江淮地区麦茬稻插秧的黄金期。如果夏至，就迟了，水稻生育期缩短，高产就很难。所以人们要和时间赛跑：芒种栽秧家家忙，夏至打灯夜栽秧。

夏至日雨，其年必丰。

夏至东风摇，麦子坐水牢。

夏至东南第一风，不种低田骂老翁。

夏至西北风，十个菜园九个空。

夏至北风刮佛爷背，有粮也不贵。

夏至晴明麦熟年。

夏至天空乌漾漾，三晴两雨年成丰。

大暑不暑，五谷不起。

六月盖夹被，田里不生米。

大暑炎热好丰年。

"平分天四序，最苦是炎蒸"，但古人也深知，"（农历）六月宜热，于田有益也"。人们理性的天气价值观在熬夏时或许可以起到心理降温的作用。

立秋晴一日，农夫不用力。

立秋一场雨，遍地出黄金。

立秋无雨甚堪忧，田地只有一半收。

谚语总有一些夸张和绝对，意会即可。

立秋下雨人欢乐，处暑下雨万人愁。另一则谚语也说：立秋无雨甚堪忧，万物从来一半收；处暑若逢天下雨，纵然结果也难留。

人们希望立秋要下雨、处暑别下雨的两种态度，完全在于想顺应作物的生长期。

例如水稻，在立秋时，正是长身体的阶段，要用充沛的雨水喂饱它。在处暑时，水稻陆续抽穗扬花结实，如果连绵阴雨，花粉被浇落，便影响到收成，而且很容易腐烂。

立秋时节，晚稻刚刚播下秧苗，特别渴望雨水的"栽培"。如果幼时少雨，会影响到晚稻的收成。

比如，针对油菜，油菜是"冬壮根，春发身"。所以：冬水是油菜的命，春雨是油菜的病。再比如针对小麦，人们的态度是：

一怕正月暖，二怕二月寒，三怕三月白霜下，四怕四月雾遮天，五怕五月大风旋。

作物的需求，左右着人们对于晴雨冷暖的价值观。

秋分不宜晴，微雨好年景。

霜降见霜，五谷满仓。

霜降打了霜，来年烂陈仓。

立冬西北风，来年好收成。

立冬不宜风，四立若犯此，农事总是空。

☁ 时令农事物候

两岸晓烟杨柳绿，一园春雨杏花红。

惊蛰一犁土，春分地气通。

春风摆柳，媳妇变丑。

为什么春天来了，媳妇会变丑呢？因为春天的耕种开始了，媳妇也在田地里忙活，无暇梳洗打扮，感觉变丑了。

这哪里是变丑，明明是一种劳作之美嘛！

平常可以闲聊，但是一到惊蛰，各家各户开始忙了，就没工夫了。所以过了惊蛰节，亲家有话田间说。

过罢惊蛰节，耕地不能歇。老话说："锄头三寸泽。"意思是锄头上有三寸雨。所谓靠天吃饭，并非完全靠天吃饭。耕田本身，就在减少对于气候的过度依赖，将收成掌握在自己的锄头上。正如贾思勰在《齐民要术》中强调："耕田第一，收种第二，种谷第三。"可见，惊蛰时节陆续开始的春耕在一年之计中的重要作用。

春分麦起身，一刻值千金。

春分之后，各地陆续进入农忙时节。

在民间，很多谚语都有着同一句式：

惊蛰早，清明迟，春分播种正当时。

春分早，谷雨迟，清明播种正当时。

清明早，立夏迟，谷雨播种正当时。

这些谚语不仅反映了不同地区的农事次第差异，也反映了不同作物的生长期差异。

春分瓜、清明麻、谷雨花。

春分麦、芒种糜、小满谷种齐。

春分栽菜，大暑摘瓜。

夏茬蔬菜，以瓜类、茄果类为主，在长江中下游地区一般春分时节开始栽种，大暑时节采摘，间隔 4 个月的时间。

但无论如何，春分之后，各地都相继进入农事繁忙季节，"桑荫种瓜不思晚，也学爷娘忙春分"。白天忙活，晚上也不清闲。"夜半饭牛呼妇起，明朝种树是春分"。夜里喂牛的时候，还忍不住唤醒老伴，盘算一下春分种树的事。

三月刮柳绵，地里不生闲。

麦到清明努三节。（正是冬小麦返青的旺季，碧绿喜人。）

三月清明榆不老，二月清明老了榆。（榆，指榆钱）

如果清明节气在农历二月，清明时榆钱就老了；如果在农历三月，清明时榆钱还很鲜嫩。

四月芒种不到芒种，五月芒种足到芒种。如果芒种在农历四月，没到芒种麦子就熟了；如果芒种在农历五月，直到芒种麦子才熟。

清明草，羊吃饱。

清明前后麦怀胎，谷雨前后麦见芒。

清明秧，立夏苗，小暑穗，大暑谷。

清明前后，种瓜（花）点豆。这句适用于淮河以南地区。清明时节，淮河以南地区日平均气温 12℃以上，适合瓜豆等作物田间播种以及移栽棉花的播种育苗。

北方的适宜播栽期更迟。有：

谷雨前后，种瓜点豆。

立夏前后，种瓜点豆。

小满前后，种瓜点豆。

淮河以北地区，清明是播种春玉米，谷雨种棉花，立夏之前抢种春谷子。所以：

清明玉米，谷雨花，谷子抢种至立夏。

雨生百谷。

有农谚认为，谷雨到，布谷叫，前三天叫干，后三天叫淹。

布谷在叫，青蛙也在叫，"农事蛙声里，归程草色中"。

人忙活，鸡也开始忙活，早起的鸡儿有虫吃。

谷雨三月半，蝎子有千万，雄鸡唱一遍，蝎子不见面。

谷雨好，蝎子少；来一个，鸡吃了。

按照古人的说法，春天"蛰虫咸动，启户始出"，虫类出来了，禽类终于不必只吃素食了。

物候有先后，农事有早晚，有些地方是"谷雨种大田"，陆续开始；有些地方是"谷雨谷满田"，几近结束。

谷雨前后，三月十八，麦抱娃娃。

谷雨前，麦挑旗；谷雨后，麦出齐。

谷雨麦打苞，立夏麦龇牙，小满麦秀齐，芒种见麦茬。

此时，"谷雨蚕生牛出屋"，亦农亦桑，繁忙异常，所以谷雨立夏，不可站着说话。

对于节气起源地区而言，清明断雪，谷雨断霜。所以谷雨为可种之候，仿佛是上苍发放的一张许可证。

但有时谷雨前后一场冻，天气并不严谨地遵守节气。

2013 年，山西、河北、山东、河南等地曾谷雨时节雪纷纷，一些地区的最晚终雪的历史纪录被刷新。有网友感慨：昨天吃雪糕，今天堆雪人，天气破纪录不上税嘛！

虽说谷雨下秧，大概无妨，但种田不能只求"大概"，所以谷雨不冻，抓住就种这则谚语，就如同一个补充条款，参考节气，还要把握天气。

错过了谷雨，便辜负了时节。三月种瓜结蛋蛋，四月种瓜扯蔓蔓，说的正是朴素的大道理。

谷雨过去立夏来，麦子扛旗敞着怀。

麦子开始抽穗扬花了。

立夏不下，没水洗耙。

立夏三日拿锄，立秋三日拿镰。

立夏三天遍地锄。

一天不锄草，三天锄不了。

天气温暖了，苗长得快，草长得更快。

立夏无雨，碓头无米。

立夏不下，犁耙高挂。

立夏因为要锄地，所以最好能下雨。

春分前，好布田。雨水后，春分前，正是早稻开始播种、插秧的时节。

小满柜，芒种穗。到小满的时候，雨水多，塘里装满了水，就像柜里装满了钱一样。到芒种的时候，早稻结穗了。

小满谷，当年福。

小满枇杷黄，夏至杨梅红。

小满不满，麦有一闪。

西瓜怕热雨，麦子怕热风。小满时节，大田西瓜一般正处于坐果期。温度过高会影响花粉的活力，同时花粉的耐水性很弱，雄花、雌花柱头一旦淋到雨水就会丧失生育能力，影响授粉、受精与结实。

小麦正处于乳熟期，非常容易遭遇干热风的侵害。所以：

麦收三月雨，害怕四月风。

麦黄不要风，有风减收成。

芒种逢雷，好结穗。芒种时正值早稻扬花时节，如果有雷，可以使稻穗更加健硕。

在台湾地区，早稻收获于农历六月。对人而言，农历六月是盛夏，对于早稻而言，却是终结于此的冬。所以早稻又称为"六月冬"，晚稻又称为"十月冬"。

农民发现，芒种时打雷，对早稻丰收有好处，但立秋时打雷，对晚稻却是坏事。

"端阳逢雨是丰年"，不仅打雷，下雨也是早稻丰收的预兆。

立夏，稻仔做老爸。立夏时节，稻子抽穗了，有籽了相当于稻仔做爸爸了。但是，只能当两个月的爸爸，小暑时节就收割了。

芒种夏至，檨仔落地。台湾地区南部盛产杧果。杧果六月成熟，杧果一熟，便进入盛夏季节了。

夏至，爱食无爱去。

大暑小暑，有米嘛贫惮煮。

盛夏时节，天气最炎热，熏蒸之下，人们特别慵懒，连饭都懒得煮。而且喜欢躲在室内，即使外面有好吃的也不愿外出。盛夏时节，懒战胜了馋。

芒种前，不动镰；芒种后，不见面。冬至饺子夏至面。如果芒种不收麦，那么夏至就无法尝新，吃不到夏至面了。

麦收芒种头。

夏种吸袋烟，晚长一寸三。

麦收芒种秋顶秋，寒露才把豆子收。

羊盼清明牛盼夏，马到小满才不怕，人过芒种说大话。

到了清明时节，羊就能饱餐鲜草了，这是羊在春天最期盼的一件事。

曾经听羊倌说，羊可以吃沾雨水的草，但是不能吃沾露水的草。落水为雨，凝水为露，说是羊吃了露水容易腹胀拉稀。所以上午要等露水消了，才能放羊，傍晚要在露水凝时赶羊回圈。小时候曾经放过羊，但不懂事，没注意到这些。有人调侃说，会不会是羊倌晚起早归的一个理由呢？

牛，开春之后或者要耕田，或者因为草太嫩太矮，牛既费力气又不容易吃饱（可见，嫩草并非老牛的主粮）。刚刚返青时，牛长得太高或者食量太大，确实有点吃亏。牛要到立夏，马要到小满，才能痛痛快快地吃青草。

所谓"麦足半年粮"，到了芒种时节，多数麦区"宿麦既登"。青黄不接的"乏月"（人们对农历四月的俗称）终于结束了。

人呢，要到芒种之后，就可以估摸出一季的收成了，吃食不太发愁了，才敢吹吹牛，说句大话。"冬至饺子夏至面"，然后夏至就可以喜尝新麦，大口地咀嚼着丰收的成就感。

当然，"处暑立年景"，到了秋天再说大话也不迟。

到了夏至节，锄头不能歇。

夏至热得人烦躁，稻在田里哈哈笑。

小暑搭嘴，大暑吃米。

早稻在小暑期间将熟，大暑期间大熟。

立秋十八天，寸草结籽。

立秋十八天，河里断洗澡。

立了秋，小粮小食往回收。

还没有到大规模秋收的时候，只是在收"小秋"。

处暑处暑，处处要水。（水稻）

处暑里的水，谷仓里的米。

处暑高粱白露谷，霜降到了拔萝卜。

白露秋分，白薯生筋；寒露霜降，白薯生糖。

白露打核桃，霜降摘柿子。

白露青黄不忌刀。

白露白茫茫，早禾收来晚禾黄。

白露日雨，到一处坏一处，来一路苦一路。

白露南（风）省肥，北（风）吃肥。

白露翻地一碗油，寒露翻地白打牛。

白露种高山，秋分种河边，寒露种平川。

白露大落大白。是说如果白露节气那一天下大雨，会导致稻穗外表呈白色，影响结实。俗称白露时雨水的酸性较高，破坏农作物生长，所以又有"白露水，较毒鬼"之说。

白露笋，一枝发，一枝稳。白露时节雨水丰沛，长出来的新笋，发育良好，一般无一缺损。

白露秋分，稻仔倒成墩。白露秋分时节，在台湾地区，晚稻开始结穗，稻茎支撑不住就垂倒成堆状，预兆丰收的景象。

白露田间和稀泥，红薯一天长一皮。白露时节土壤水分足，昼夜温差大，有利于薯块迅速膨胀，是生长的关键期。

白露割谷子，霜降摘柿子。

白露秋分菜，秋分寒露麦。

黄淮地区白露、秋分时节适宜种菜；秋分、白露时节适宜种冬小麦。

白露五升，寒露一斗。北方麦区，小麦播种量随着播期的推进，要相应增加。

八月半，看田头。说是八月十五，也泛指中旬。从水稻根部的生长情况，来判断晚稻的收成。

秋分时节两头忙，又种麦子又打场。秋分时节一边收了稻谷在场上晒干、脱粒，一边赶紧播种麦子。

寒露雨，偷稻鬼。

寒露多雨水，晚稻慢出穗。

寒露时节尾花收。

霜降不打禾，一夜丢一箩。

寒露无青苗，霜降一齐倒。（江南）

小雪满地红，大雪满地空。（华南）

寒露时节人人忙，种麦、摘花、打豆场。指淮河流域，寒露时节特别忙，不仅要播种小麦、采摘棉花，还要在场上打豆子。

为保证水稻在霜冻之前有安全齐穗的时间，各地都有相应的谚语：

处暑不抽穗，割了当铺睡。（宁夏灌区）

白露不出头，割了喂老牛。（北京）

秋分不出头，割了喂老牛。（长江中下游）

寒露不出头，拔了喂老牛。（华南）

秋分早，霜降迟，寒露种麦正当时。

寒露到霜降，种麦莫慌张。

前一则指黄淮地区。后一则指淮河以南地区。寒露到霜降期间，不要急于种麦，否则会冬前旺长甚至拔节。

棉是秋后草，就怕霜来早。棉花生长期长，如果播种太晚，秋霜一到，就会影响棉花的生长和吐絮，就如同秋草被霜打而枯黄一样。

立冬有雨防烂冬，立冬无雨防春旱。冬春时节的防御重点就不一样了。

种麦到立冬，费力白搭功。适用于淮河以北地区。到立冬时节才播种小麦，因温度太低，种子出苗率低且容易遭受冻害。

类似的谚语：立了冬，麦不生。

立冬种完麦，小雪栽完菜。适用于长江中下游地区。立冬时节要种完小麦，小雪时节要完成栽完油菜。

霜降到立冬，翻地冻害虫。入冬时节，空闲田地要耕翻晒垡，既疏松土壤，接纳雨雪，又减少地下害虫的越冬残留量。所以说，地不冻，犁不停。土壤没有完全封冻之前，深耕不要停歇，给开春创造更有利的播种条件。

☁ 与其他节气或关键日之间的韵律

立春落雨透清明。

立春大淋，立夏大旱。

交春薄雨到清明，清明落雨饿死人。

雨水明，夏至晴。

雨水惊蛰寒，芒种水淹岸。

惊蛰寒，清明暖。

冻惊蛰，晒清明；暖惊蛰，雨清明。

惊蛰暖，棉衣到小满。

暖惊蛰，冷春分。

从前人们揣摩天气韵律，感觉惊蛰与春分的气温距平是反向的。不过现今，天气往往不按常理出牌，暖惊蛰之后又是暖春分，气温不歇脚地连续上攻。

当然，惊蛰时的回暖并不稳定，冷空气"复辟"的情况也并不鲜见，所以也有惊蛰刮风，从头另过冬之说。

清明不明，谷雨大晴。

小满雨滔滔，芒种似火烧。

四月芒种雨，五月无干土，六月火烧埔。是说江南地区如果芒种日下雨，就可能农历五月多雨，农历六月久旱。

在华南，暖气团以逸待劳，而冷气团往往鞭长莫及。一旦冷气团在华南"失手"，冷暖对垒的主战场便转移到江南地区。

六月初的芒种时节如果江南出现大规模降雨，便是战场转移的重要标志。之后的一段时间，会以梅雨的方式开始冷暖气团在江南地区的"鏖战"，于是"五月无干土"。待到农历六月，副热带高压"占领区"的江南便开始暑热甚至伏旱的日子。

还有一句东南沿海地区的谚语，叫作：芒种下雨火烧街，夏至下雨烂破鞋，也同样表征着副热带高压的位置与晴雨之间的微妙关系。

芒种雨，夏至火烧埔。

芒种雨，夏至淋。

芒种不下雨，夏至十八河。

芒种雨，七月多雨。

芒种雨少，八月淋。

夏至在农历的日期往往是一种占卜指标，而作为两个重要的关键日，夏至与端午之间的时间次序也常被当作占卜指标。

夏至五月头，边吃边发愁。

夏至五月头，不种芝麻喝香油。

夏至五月中，种田一场空。

夏至五月中，多雨又多风。

夏至五月尾，前头种了后头毁。

夏至五月底，不种谷子就吃米。

夏至端午前主涝，夏至端午后主旱。

夏至在前：

夏至端午前，处处有荒田。

夏至端午前，又手种田年。

夏至在后：

夏至端午后，荒田哪里有。

夏至与端午同日：

夏至端午同一天，麦贵一千天。

夏至逢端阳，家家饥断肠。

离得太近：
夏至端午连，处处是荒年。
夏至端午连，快活种年田。

离得太远：
夏至端午远，年景必有闪。

小暑晴，小雪晴。
小暑对小雪，大暑对大雪。
小暑过热，九月早凉。
小暑打雷，大暑打堤。
小暑凉飕飕，大暑热嗷嗷。
小暑热得透，大暑凉悠悠。

处暑有雨一冬淹，处暑无雨一冬干。
处暑卡脖旱，秋分雨连绵。

白露有火，秋分有水。
秋分冷得怪，三伏天气坏。
秋分对春分，小寒对惊蛰。

寒露多雨，芒种少雨。

寒露勿冷，霜降做梅。

江南如果寒露时节不冷，霜降时节就可能阴雨连绵，如同梅雨一般。

霜降对重阳，一年就是三年粮。

未必是统计学意义上的规律，一个农事案例的总结便可以升华为这样的一则谚语。

农桑类天气谚语

蚕老一时，麦熟一晌。

"买卖人赶集市，庄稼人赶节气"，描述的是节气对于农人来说意味着什么，是赶节气而不是在等节气。

农耕，需要处理人与天、地之间的关系，在特定的时空中，第一利用天时，第二借助地利。

人在地的面前，一定程度上是"可为"的，在发挥地利方面可以有诸多选项。但在天的面前，几乎是"无为"的，只有两个字，顺应。

人们需要"相时而动"，做到"毋失其时"。所以，人们对于天的顺应，最重要的就是把握天时，其次才是把握天气。

所谓把握天时，就是依照气候规律：

节气未到，劝你别急躁。

节气一到，早起晚睡觉。

种田无命，节气抓定。

什么时候耕种，什么天气耕种，都有以谚语记录下来的学问。

经常能够在课本中看到"清明前后，种瓜点豆"的谚语。"不到清明就下秧，先着急来后打荒"算是给它加的备注。

首先就是把握天时，《氾胜之书》中说：以时耕田，一而当五，名曰膏泽，皆得时功。

不同地区，农事季节差异很大，有些地方是立春一到，农人起跳，有些地方是九尽桃花开，农活一齐来，也有些地方临近谷雨还在无奈地"猫冬"。

对于南方而言，雨水节气被视为可耕之候。但在雨水到来之前，很多人已经开始忙活。

栽松莫让春知道，种桐要使雷不晓。

瞒春插柳，迎春栽杉。（瞒春，即在立春前）

……早，……迟，……正当时。

这是农事天气谚语中最常见的句式。

从前，对于靠天吃饭的农民而言，这类谚语几乎是关乎种植的"发令枪"，几乎是"地方性法规"。人们挂在嘴边的一句话是：天时不如地利。但仅就农事而言，却是：地利不如天时。

"农"的繁体字"農"，其中的"辰"便体现了天时。

明代《农说》中说：知时为上，知土次之。

中国第一部农书《氾胜之书》认为，先是"得时之和"，再是"适地之宜"。首先是顺天时，然后才是量地利。

《韩非子》是以思辨的方式解读：虽十尧不能冬生一穗。

所以农事之要最在于农时，趣（趋）时、适时、及时。

例如：

北京：白露早，寒露迟，秋分种麦正当时。

河南：秋分早，霜降迟，寒露种麦正当时。

这类谚语有着三大显著特征，一是与地域相关，二是与地势相关，三是与作物相关。

● **第一，与地域相关**

同样是冬小麦的播种，北京比河南就提早了一个节气。

新疆北疆：立秋早，寒露迟，白露麦子正当时。

新疆南疆：白露早，寒露迟，秋分麦子正当时。

隔一道天山，便延后一个节气。

河南、山东的说法是：骑寒露种麦，十种九得。寒露是这里的冬小麦播种的主节气。再往南，江苏、安徽是：霜降种麦正当时。而到了浙江，便是：立冬种麦正当时。且再往南，小雪时节恰是冬小麦的播种适期。

● **第二，与地势相关**

陇东地区关于冬小麦播种的谚语说：塬跟白露，山跟秋。

节气起源地区虽说是骑寒露种麦，那是指低田。如果进一步细分，大体上是：寒露种平川，白露种高山。

即使在同一个区域，低地和高地的播种适期亦存在显著差异。

● **第三，与作物相关**

对于二十四节气起源的黄河中下游地区而言，

清明高粱谷雨谷，立夏芝麻小满黍。

清明玉米谷雨花，谷子播种到立夏。

毕竟各种作物的御寒能力完全不同，无法一刀切，不能相互攀比。歇后语中有霜打的茄子之说，但没有霜打的菠菜，人家几乎能傲视零下10℃的寒冷地温。

小麦甚至有麦冻秧，憋破仓的说法，这是黄瓜、西红柿们无力效仿的。打小干农活儿的时候，就明显感觉麦子比白菜、胡萝卜抗冻，白菜、胡萝卜比大豆、高粱抗冻，大豆、高粱比玉米、地瓜抗冻。

种的时间不同，摘的时间就更不一样了。

小满麦秋至，然后芒种见麦茬，它们都不知道什么是桑拿天。漫漫长夏之后，立秋核桃白露枣。再然后，都到了大冷之时，霜降摘柿子，小雪出萝卜。初冬时节，最嘚瑟的，就是柿子树了，叶子落尽，只剩下突兀而熟美的大柿子，勾着人们的眼，馋着人们的心。初冬时，这是最浓艳的产品广告。

对于二十四节气起源地区来说，种棉的谚语是：清明早，小满迟，谷雨种花正当时。

飞扬花，种棉花。是描述黄淮地区的物候关联。一般在清明过后，柳絮飞舞之时，气温恰好可以满足棉花播种的天气条件。

播种了以后，再看长势：芒种不出头，不如拔了喂老牛。

再往南，湖北、四川的谚语是：清明前，好种棉。

江苏、安徽、浙江的谚语是：清明种花早，小满种花迟，谷雨立夏正当时。

总之，要穿棉，棉花种在立夏前。

操持农事，只求一个温饱。麦以得饱，棉以得温。

我们对比一下小麦和棉花：

冬小麦的种植，南北从白露到小雪，几乎相差五六个节气。但棉花的种植，大约相差一两个节气。为什么小麦的南北差异大而棉花的差异小呢？

因为小麦的播种适期是由秋到冬，此时北方降温速度远快于南方，南北温差日益拉大，等温线密集，差异显著。

而棉花的播种适期是由春到夏，此时北方回暖迅速，在南方气温常被阴雨压制之时，便率先启动升温"大跃进"，因此南北温差缩小，棉花播种的南北差异也很小。

换句话说，春夏时节，农事更彰显由南到北渐进的相似性，而秋冬时节，农事更体现由南到北显著的差异性。

以现今的谚语，再对照古代农书，我们也可以看出，同一地区同一作物也存在显著的古今差异。

比如西汉末年《氾胜之书》：麦为首种，种麦得时无不善，夏至后七十日可种宿麦。（即白露之前即可种麦。）

比如南北朝时《齐民要术》：

小麦宜下田，八月上戊社前为上时。（即白露时节即可种麦。）

均比现代的播种适期提早了一两个节气。

也就是说，关于农时的天气谚语，其实也包含着特定时代的气候印记。

同样是种麦，南方和北方不仅时间不同，方式也有差异。北方少雨，种麦后土要压实，"湿乎气儿"可别跑了。南方多雨，撒播之后用脚随便轻踩一下就行了。这个小细节，其实也体现了人们对气候的理解。

即使同样是耕，冬耕和春耕还大不相同。冬耕要深，春耕要浅。

北方地区的冬季深耕，可以使土壤尽可能接纳冬季的雨雪，防止冬春季节跑墒。

春季气温升高，如果耕地过深，跑墒过多。假如遇到春旱，蒸发量过大，难以保墒，春播出苗会艰难。

耕种不一样，收也不一样。夏收要紧，秋收要稳。

麦黄三日，稻黄三十。小麦成熟时天气越来越热，几天的工夫就能由青变黄，急匆匆成熟。而水稻成熟时天气越来越凉，灌浆进程缓慢，慢悠悠成熟。

蚕老一时，麦熟一响。蚕一会儿就老了，麦半天儿就熟了。所以才有小麦"九成熟，十成收；十成熟，一成丢"的说法。小麦要抢收，倘若过分成熟，就会产生籽粒养分倒灌及掉穗落粒。所以往往赶在小麦蜡熟的末期（九成熟时）及时收获。

谚语说：小满赶天，芒种赶刻。

亦稼亦穑的芒种时节，人们累到什么程度呢？

芒种夏至天，走路要人牵，牵的要人拉，拉的要人推。

人们到底忙到什么程度呢？

早上一片黄，中午一片黑，晚上一片青。

这则谚语形象地刻画了"双抢"时的情景：

芒种时节，人不闲，地也不闲。在很多地方，是麦穗收尽，稻秧登场。旱地耕过，灌作水田。无暇庆贺麦收，又要开始插秧了。

早上，成熟的还没收割，一片金黄；中午抢收完毕，露出土地原本的黑色；晚上抢种结束，又呈现新苗的一片青色。

时雨及芒种，四野皆插秧，家家麦饭美，处处菱歌长。

田里金黄的麦浪，转眼之间又化作嫩绿的稻秧。

气候最浅显的表现形式，就是物候。

古老的节气，从应用层面来看，便是物候历。而人们眼中最亲切的物候，是那些看得见、摸得着甚至吃得到的物候。

三月三，田鸡叫，田稻好。

三月三，蛇出山；九月九，蛇进土。

三月十八，麦抱娃娃。

四月鲜豆角，五月新辣椒。

四月八，吃枇杷；五月五，熟透的杨梅快落土。

五月五，稻花吐。

六月六，打花头；七月七，打花心。（棉花）

头伏萝卜二伏菜，三伏种荞麦。

重阳不在家，端午不在园。（葱蒜）

八月的梨枣九月的楂，十月的板栗笑哈哈。

各地的人通过本地物候规律，认识什么是正常的气候，并依此安排自己的食谱，安排自己的行事日历。

农事的下一步该做什么呢？人们通过递进的物候次序，使农事环环相扣地推进：

麦黄种麻，麻黄种麦。

樱桃上了街，南瓜只管栽。

枣树发芽种棉花，桐树开花种花生。

七月葱，八月蒜，九月萝卜十月菜。（指下种时间）

《齐民要术》中说："凡耕之本，在于趣时。"如果错过了恰当的天时，三月山药结蛋蛋，四月山药长蔓蔓 。而物候就是最形象的天时，物候谚语就是最易相传的广而告之的方式。

连采药都恪守着天时的分寸：三月茵陈四月蒿，五月砍来当柴烧。春秋挖根夏采草，浆果初熟花含苞。

每月的蔬、果、花，时令物产也是以谚语的方式娓娓道来，实际上也是农事和物候的缩影。

正月菠菜刚发青，二月栽上羊角葱。

三月韭菜离了地，四月莴笋已出生。

五月黄瓜当街卖，六月葫芦弯似弓。

七月茄子低头笑，八月辣椒满树红。

九月白菜担上撂，十月萝卜上秤称。

冬月蔓菁满地滚，腊月蒜苗绿茵茵。

正月甘蔗节节长，二月橄榄两头黄。

三月樱桃正香嫩，四月枇杷如蜜糖。

五月杨梅红似火，六月莲蓬水中漾。

七月葡萄颠倒挂，八月菱角舞刀枪。

九月石榴露齿笑，十月金橘满园香。

冬月柚子正灿烂，腊月龙眼荔枝配成双。

正月梅花独自香，二月杏花俏模样。

三月桃花映绿水，四月蔷薇倚短墙。

五月石榴红似火，六月荷花满池塘。

七月栀子头上戴，八月丹桂满枝黄。

九月菊花黄金甲，十月芙蓉正上妆。

冬月水仙供上案，腊月蜡梅雪里香。

记得有人评论道：

水泊梁山最具亲和力的品牌是什么？

及时雨啊！

农耕社会，还有比及时雨更解渴、更令人畅快的招牌吗？

雨，如果出现在对的时候，就是财，发生在错的时候，就是灾。

春雨经常被赞颂，但对麦子而言，春水烂麦根。一旦土壤过湿，春雨淹了垄，麦子丢了种。所以才有"冬雨是麦命，春雨是麦病"之说。

秋雨经常带给人们惆怅，在文人眼中，秋雨如挽歌。

但秋霜夜雨肥如粪。秋季清晨有霜或晚上有雨，如同为天地增添肥力。

同样是干旱，秋旱像针扎，卡脖旱像刀刮。作物进入孕穗期倘若没有雨水，就难以抽穗，有华而无实，就像被卡住脖子一样。

伏旱不算旱，秋旱减一半。放在一起对比，似乎还是影响秋收前"临门一脚"的秋旱更令人揪心。

同样是雨水，春雨如油夏雨金，管好秋水一冬春。感觉每个季节的雨水都可以贴上不同价格的标签。

万物生长，光热水肥缺一不可。阳光雨露都重要，但谚语中称颂雨露的更多一些。

田是儿子水是娘。

冬水老子春水娘，浇好多打粮。

对于田地而言，水是"长辈"，算是"衣食父母"了。

同样是作物，习性却不一样，有些习性也体现了气候的"习性"。

稻秀只怕风来摆，麦秀只怕雨来淋。"秀"即抽穗。水稻抽穗扬花时遇到大风，花粉极易被吹散，引起授粉不良，造成空秕粒。而小麦抽穗扬花时遇到雨水会加重病害的发生。

深谙作物的习性，还要把握土壤的习性，种在哪儿，什么时候种，如何打理，都体现着人们顺应自然的智慧。

要总结灾害发生的种类规律：

天旱生蚜虫，雨涝生锈病。（麦类作物）

旱年虫多，涝年病重。

雨水偏少的年份，容易爆发虫害，雨水偏多的年份，容易爆发病害。

要总结灾害发生的地势规律，比如：雾掠高树，雹打高岗霜打注。并按照旱涝规律，旱种塘，涝种坡，不旱不涝种沙窝。

种什么，怎么种，把谁种在哪儿，都有相应谚语提供指导：

水地宜密，旱地宜稀。

山头薯，坑底芋。

旱榆湿柳水白杨，核桃种在山坡上。

阴坡种小豆，阳坡种芝麻；洼地种高粱，高地种棉花。

涝洼种地瓜，十种九差瞎。

也就是说种地瓜，涝比旱更有害。地瓜最适合地势高、土层松的地方。旱是歉收，涝是失收。

因为它们习性不同，喜好各异，人们的智慧便是将天的规律、地的特点与苗的喜好"对号入座"。

要想芝麻香，伏天晒太阳。

晒不死的茉莉，浸不死的水仙。

涝不死的韭菜，旱不死的葱。

淋不死的南瓜，晒不死的棉花。

旱葫芦，水黄瓜，不干不湿好南瓜。

旱枣涝栗火热桃，不旱不涝收柿子。

风凉茄子自在瓜。（茄子植株不要太密，瓜长出之后就不宜再移栽挪动。）

垄儿窄，棵儿远，一场大风当柴捡。

玉米种植如果行距窄，株距宽，耕作不便，通风不畅，遭遇大风极易被刮倒。所以玉米种植需要宽行窄株。要得玉米结，不要叶搭叶，这是合理的密度。

干长柴根，湿长须根，不干不湿长块根。

甘薯具有很强的耐旱能力，但土壤干旱，特别是根茎膨大期缺少水分的话，则块根膨大缓慢，产量低。而雨水过多，土壤湿度过高，会导致茎叶疯长，影响块根的形成与膨大甚至使块根腐烂。一般土壤含水量达到田间持水量的 70% 左右，适合块根生长也能兼顾茎叶生长。

虽说风天不撒粪，雨天不下种，但一则谚语无法概括所有作物的喜好：

干种芝麻湿种豆。

种菜宜在连阴天，雨种豆子晴种棉。

对于水稻来说，更是插秧下雨，犹如中举。在其随后的成长历程中也是：干干湿湿长好稻。

别说播种时，就是播种后，也要不同的天儿在不同的地里忙活：

旱耪棉花涝耪瓜，下过了雨耪芝麻。

锄个草，也是要看天的：晴天锄草草没命，阴天锄草草搬家。

浇个水，也是有规矩的：冷灌暖排，晴灌雨排，日灌夜排。

到了收获时节，不光是揣摩收获的日期，甚至还揣摩收获的时辰：

触露不掐葵，日中不剪韭。

早不摘花，午不收豆。

棉花吐絮之后，夜晚会有露水凝结在棉絮上。经过阳光照射之后，露水才会蒸发掉。而且沐浴在阳光下棉桃会更"踊跃"地开铃吐絮，所以最好在午后摘棉。

豆子如果在天气晴朗、气温正高的中午收割，豆荚很容易炸裂落粒，所以豆子的收割一般选在早晨或傍晚。

风花收，雨花丢。

一次我在山西出差，与一群棉农聊天，我问："棉花最怕什么天气？"

一位老汉不假思索地答道："连阴雨，秋天的连阴雨！"

另一位老汉接过话茬儿："谚语说得最明白了。八月有雨，有花无花；八月无雨，无花有花。"

什么是好天气，什么是坏天气？人们对于天气气候的偏好，往往都基于作物的偏好。

当然，迎合作物的偏好是趋利，而比趋利更紧要的是避害。就是人们必须全面了解各种作物无法承受什么样的天气气候。

无论稼穑，无论是种树还是养蚕，人们都必须体贴入微地了解各位"小伙伴儿"盼什么、怕什么，即作物之宜忌。

茶树最糊涂，宜露又宜雾。

梨花怕雨桃怕风。

高粱红脸怕大风。

红枣结得一串红，遇到阴雨一包脓。

养蚕的房子，不怕旁风，但怕直风。

荞麦开花后，怕雨但不怕风。

麦怕雹，谷怕风，麻子就怕麻雀崩。

谷出不怕连阴雨，麦出不怕火烧天。

稻秀雨浇，麦秀风摇。

稻扬花时宜雨，麦扬花时宜风。

麦怕清明连阴雨，稻怕寒露一朝霜。

麦怕二月雪，谷怕八月风。泛指农历二月、八月，分别对应小麦拔节、水稻扬花时期。

春季倒春寒，降雪降温会使小麦遭受冻害，水稻扬花时段遇到大风会降低结实率甚至发生倒伏。

麦要浇芽，菜要浇花。

小麦播种出苗时期，遇到土壤墒情不足时，要及时灌水补墒，促进出苗。

蔬菜类作物在开花时，需要的水分更多，此时浇水才能满足开花结果的需求。

单说水稻：

不怕清明连夜雨，就怕谷雨一朝霜。

五月五日雨，生虫灾；六月六日雨，杀虫灾。

不怕五月五日雨，就怕六月六日风。（水稻扬花期）

稻打苞，水齐腰。打苞，即孕穗。水稻在孕穗期间对水分和养分的需求量大，对不良环境最为敏感。

小怕旱苗，大怕旱粒。水稻返青期的苗、抽穗期的粒。

白露三朝雾，好稻满大路。

水稻要水又怕水，水深淹垮稻的腿。

水分充足有利于水稻地上部分的生长，但水分过多又不利于根系生长。尤其是水稻抽穗之后，过多水分容易引起根系早衰，影响灌浆结实。因此，水稻的生育后期尤其要强调干干湿湿。

早稻水上漂，晚稻插齐腰。

早稻栽插时，气温和水温都比较低，需要保持浅水层提高土温和水温，可以浅栽。

晚稻栽插时，气温和水温都比较高，移栽之后需要深水降温护苗，为防止漂秧，应当栽得深一些。

单说小麦：

寸麦不怕尺水，尺麦但怕寸水。

小麦拔节之前，苗体较小，但耐湿性较强。遇到田间积水，对植株的生育影响不大。

拔节之后，根层深，根量大，株体大，耐湿性变差。这时如果土壤湿度过大，会导致湿害、渍害。

小麦不怕人共鬼，只怕四月八夜里雨。

这则谚语是说，小麦最怕（农历）四月初八前后的夜雨。

《田家五行》这样记录老农的观点："大抵立夏后夜雨多，便损麦花。盖麦花夜吐，雨多则损其花，故麦粒浮秕而薄收也。"

江南的谚语是：**谷雨麦怀胎，立夏麦见芒。小满麦齐穗，芒种麦上场。**

在其生长的不同阶段，需要不同的天气。**要吃新白面，立夏十日早。**该晴的时候，很需要连晴。

小麦怕的是：**正暖二寒三霜四风五雨。**

正月的气温低一些，积雪多一些，才可以成功"劝说"冒失的果树不要过早开花，阻止越冬作物过早抽青，从而使它们幸运地躲过杀手级的晚霜冻。

麦喜冬雪，忌讳暖冬麦苗疯长。可是赶上暖冬，麦苗疯长怎么办呢？

中原地区有这样一个旧俗：春分之前把牛赶到地里吃麦苗。老牛吃嫩苗之后，不出 10 天，新的麦苗接茬儿又长出来了。但仅限牛马帮忙，不能让羊帮忙，羊是连吃带拔，只有没出苗的宿麦可以幸免。绝对不能让猪帮忙。猪连吃带拱，它们吃过之后，麦苗就再也长不出来了。所以，不怕牛吃草，就怕猪拱苗。

而一旦它们抽青，**春分麦起身，一刻值千金，**它们更渴望和暖。此时它们个子还没有长高，身体柔韧性尚好，所以并不惧怕风的摇晃。等到它灌浆之时，最怕干热风。

干热风，风热干，要有条件三个三。判断小麦灌浆后是否遇到干热风，有三个气象指标：相对湿度低于30%；气温高于30℃；风速大于 3 米 / 秒。

麦怕老来风，人怕老来贫。临近成熟的时节，个子高了，身体僵直，重心不稳，老胳膊老腿儿的，便越来越怕风了。而且是：既怕连阴雨，又怕剃头风。

等到收获的时候，快慢节奏也很不相同，正所谓：麦熟要抢，稻熟要养。

谚语说：一年八十三场雨，麦子收到我家里。也就是说，农历八月、十月、来年三月的雨（雪）最关键，好钢要用在刀刃儿上。待到它准备越冬之时，十月里来小阳春，下场大雪麦盘根。这时的一场雪，帮它盖上厚被子，它就可以安然入梦了。

● **四月八，黑霜杀**

露是润泽，霜是杀伐，"露以润草，霜以杀木"。从露到霜，体现着大自然由慈到严的转折。古人说：风刀霜剑。霜被视为一种锋利的冷兵器，肃杀的代名词。

大气中水汽凝华为霜的过程中，反倒会因凝结，使潜热释放而减缓温度的下降。导致冻害的元凶，是与白霜相伴的零下低温。但在水汽极度稀少的情况下，即使地面温度远低于0℃，也并没有白霜形成，但作物依然会遭遇冻害，被称为"黑霜"。白霜很萌，黑霜很凶，白霜常常蒙受"不白"之冤。

在中原地区，往往是"清明断雪，谷雨断霜"，但在北方，尤其是高寒地带，即使到了农历四月，进入立夏节气，还是会有霜冻。特别是在干燥的西北，即使地面温度早已低于0℃，但水汽匮乏，无法凝华出白霜，于是低温就以黑霜的方式"偷偷地"冻伤作物。作物陆续返青，越临近终霜，对农事的危害越大，尤其对于不大耐寒的作物。所以二月八的雪是胶，四月八的霜是刀。当然，所谓四月八，并非一个绝对的日期，而是一个大致的时段。

在南方，也有一类谚语与农历四月八相关：

四月八晴料峭，高田好张钓。

四月八晴寡寡，鲇鱼到灶下。

四月八乌漉秃，无论上下一齐熟。

这些谚语与霜无关，说的是农历四月八对于后续气候甚至年景的预兆。

2017年11月，我拜访台湾地区新竹县的农民罗文蔚先生。此时他家的水稻，籽粒渐趋饱满，再过半个月就可以收割了。他说，熟没熟，他是亲口尝。10颗能咬断七八颗，基本就可以收割了。

他介绍说，这里的春季粳稻是惊蛰时节种，小暑时节收。让稻田休息不到一个月，便开始种晚稻。而不耐寒冷的籼稻，清明时节种，立秋时节收，稻田稍事歇息，就又开始种晚稻。晚稻的问题是，生长期前半段太热，后半段又太冷。现在越来越多忽冷忽热的天气，把晚稻折磨得不行不行的。

冬季的休耕期，一般是在地里种些豆科作物，不收，结荚之后翻耕土地，把它们变成地里的氮肥。

聊起气候变化对作物的影响，他说对仙草和叶菜影响更大一些。

仙草，生长期由十年前的八个月，缩短到现在的七个月。原来是清明之后移栽，现在经常是"踩着"惊蛰。原来是立冬时收，现在有的年份没到秋分就收了。

叶菜，原来是一年种，收十二轮，现在是一年种，收十五轮。一茬儿叶菜的生长期平均只有三周的时间，比原来缩短五天左右。所以原来种田的很多"老话儿"现在都已经"不尽然对了"。

气温升高，已经成为一种趋势，老话儿中蕴含的气候规律已然不再是规律。

尽管大家说"靠天吃饭"，但人们更坚信"锄上三寸泽"，人哄地皮，地哄肚皮。人们希望通过劳作，将薄田打造成沃土膏壤。

农耕社会，土地既是天气谚语的"产地"，也是天气谚语的用场。人们既要瞅着天，也要盯着地，既要琢磨天之时，也要研究地之利。

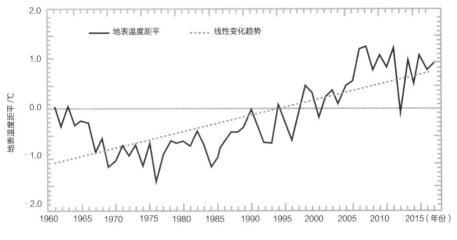

1961—2017 年中国年平均地表温度距平

拉祜族诗句：天肥手节深，地肥脚节深。

天的肥像手腕，地的肥像膝盖到脚那么深，想说明地利比天时还重要，与我们常说的"天时不如地利"异曲同工，意为人们可以通过努力，弥补天气的亏欠，减低气候的风险。

旱了锄，三分雨。

涝了锄，三分火。

耙地收，耱地保，大旱之年灾情小。

三耕六耙九锄田，一熟收成抵一年。

尽管说霜始降，百工休，但地里的活儿还远远没完，还要伺候冬小麦，是：秋水浇，冬水盖，不怕来年太阳晒。人们不敢把希望都寄托在"龙王"身上，犁冬田，灌冬水，抵得上龙王喷一嘴。

一年四季，都要在地上做文章：

犁出生土，冻成酥土，晒成阳土；

耙成绒土，种在湿土，多上粪土。

到了农忙时节，《齐民要术》里的说法是："五月及泽，父子不相借。"谚语描述了人们的劳累程度：五黄六月割麦子，好比女人坐月子。记得小时候割麦子，虽然不懂什么是坐月子，不过忙活一天下来，也知道什么叫"全身瘫痪"了。

四月无太婆，八月无簸箕。（农忙时节，人和工具都不够用。）

五月六月站一站，十冬腊月少顿饭。（"五月六月没有闲婆婆"，才能"十冬腊月没有闲箩箩"。）

朱光潜先生曾在一篇随笔中写道：旁观者所看出的滋味都比当局者亲口尝出来的好。

读书人常羡慕种田人的黄粱浊酒，但走近耕作才知道，一切绝不似陶渊明描写的那样闲适。

我们在厌倦了奔忙的都市节奏之时，常常向往田园生活。但若真身处田园，当一名耕者而不是观耕者，我们便会知道田园之中，比诗更多的，是汗。

人们富足之后，便会下意识地向草木繁盛处张望，找寻诗意生活，原本柴米油盐酱醋茶中的茶，一旦与花香鸟语相遇，也便是琴棋书画诗酒茶中的茶了。

所以坐在教室或者书斋之中品味农桑谚语，超然物外，领受的是一种文化的滋养，而不再是被风吹日晒雨淋过的字句。

饮食养生类天气谚语

日出而作，日落而息。

这里所说的饮食养生谚语，只是基于天气、气候视角的饮食与养生，比较碎片化。以现代医学衡量，未必准确或全面。

我们先来看一下《四民月令》中以时节为序的家居生活吧。

《四民月令》出自东汉，是古代的第一部民间月令。是东汉时期士大夫的家庭月令，即日常生活的时序规则，可以被视为那个年代品质生活的一个缩影。

《四民月令》中的家居生活							
农历月份	养生			食物工艺		衣物	房舍
	调摄	采药	合法药	加工	酿造		
正月 纳福祈丰		收白犬 肝及血	上半月 合诸膏……		酿春酒 做诸酱	织布	
二月 阴冻毕泽	春分 寝别外内	种地黄 采桃花		收榆荚	做酺		（燕子来） 涂墙
三月 杏桃华盛			煎药			买布	用漆油

《四民月令》中的家居生活						
	养生			食物工艺		衣物	房舍
农历月份	调摄	采药	合法药	加工	酿造	衣物	房舍
四月 时雨始降				作枣糒	作醢酱 鲖鱼籽 作酱	趣缫 刹绵	
五月 煖气始盛	夏至前后 寝别外内 阴气入腹 不能化腻 薄滋味，毋 多食肥醲	端午 采葹耳 取蟾蜍 蝼蛄	端午合止利 黄连丸霍乱 丸	（麦既入） 多作糒	端午 作酢 酱酱救酉 醢酱	贮藏 毛裘	储米谷 薪炭 应对霖雨
六月 耘耡时节				20日后 硙麦作麮 大暑中伏 至七月底 畜瓠藏瓜		织缣绤 织物染色	
七月 浣故制新		收柏实 采葹耳	7日 合药丸	作干糗 藏韭菁	7日作麹	处暑 - 白露 作袷薄 备始寒 7日曝衣裳	
八月 凉风戒寒		8日采 乌头、天雄 车前实		断瓠作蓄 韭菁作菹	作末都	练帛染色 擘绵治絮 买履备冬	
九月 问寒孤老		重阳 采菊华 收枳实		苣姜蘘荷 葵菹干葵			治场圃 涂仓修窖
十月 趣纳禾稼		收栝楼		作脯腊 制糖类 藏瓜	酿冬酒	绩布缕 制帛履	筑垣墐户 家储蓄积
冬月 试卜来年	冬至前后 寝别外内				酿醯		
腊月 休农息役		求牛胆……	合疮膏药				

注：本表只列举以居所为聚焦点的起居存养内容及其时令次第。

266   中国天气谚语志

可以看出，早在两千年前，士大夫家族中在饮食养生方面已经形成一套完备的规制。包括食品的加工酿造，也包括起居调摄，还包括调制"法药"以医治疾疫、调养身体。

当然，在更久远的年代，天子的存养便已经按照季节，什么时候斋戒，什么时候迎气，什么季节该吃麦与羊还是菽与鸡，甚至精确到什么季节穿戴什么颜色的服饰、使用什么形状的器物等。

天有六气，谓阴阳、风雨、晦明也。

古人将自然气候分为六气，即阴阳、风雨、晦明。又按照属性归纳为六种气候因素：风寒、暑湿、燥火。

各个气候因素只要依常数、守平衡，皆可被视为"正气"。如果某一种气候因素过强、过弱或者过于急骤地变化，就容易导致疾病，称为六淫或六邪，这被视为致病的外因。

在抵御外因的同时，更要着眼于内因。希望人们的生活节律顺应气候规律，"法于阴阳，和于术数，饮食有节，起居有常，不作妄劳"。一切也都需要把握平衡。莫久行、久坐、久卧、久视、久听；莫强食饮，莫大沉醉，莫大愁忧，莫大哀思。

所谓"久视伤血，久卧伤气，久立伤骨，久坐伤肉"。这跟久雨、久晴、久寒、久燠皆可致灾，是相通之理。

养生的理念古已有之。古人调摄讲究崇尚天人和合，补养也讲究药食同源，所以也就形成了独特而丰富的饮食养生的观念和方法。

俗话说：民以食为天。当然，吃什么，总的原则是"五谷为养，五果为助，五畜为益，五菜为充"。与时令之间的契合，在于"必先岁气，毋伐天和"。按照四季的阴阳二气升沉流转与五行属性，调整饮食性质、内容。现在人们常说毫无违和感，顺应时节即为和。

人之饮食讲究本地和应季，人之起居行止讲究顺时应候。

生活在天地之间，衣食住行皆与天气气候相关联。

哪怕是什么时候丢扇子、盖被子都有清晰的界定：立了秋，扇子丢。处了暑，被子捂。

现在可不敢，即使在北方，也往往是在处暑之后暑热才渐消。

当然，补充条款就合理一些：

立秋三场雨，麻布扇子高挂起。

出了暑，被子捂。

不过，这是北方。南方是：立秋处暑，上蒸下煮。

俗话说：炒菜看火候，穿衣看气候。人们最经常挂在嘴边的一句话就是：春捂秋冻。人的穿着比时令的变化要稍稍滞后一些。春季忙着换衣裳，打针吃药喝苦汤。

衣食的三七之说，就是衣食讲究恰到好处的分寸感：穿衣三分寒，吃饭七成饱。

知道什么时节不能再短打扮了：

白露不露，长衣长裤。

白露身不露，寒露脚不露。

知道什么天气最容易导致疾病：

百病之长，以风为最。而且：不怕狂风一片，就怕贼风一线。

知道应该从哪里进行预防：病从口入，寒从足起。

知道不同年龄的防御侧重：老怕春冷，少怕秋凉。

平时要多晒太阳，即使盛夏，也要"无厌于日"，因为"捂捂盖盖，不如晾晾晒晒"。

人最容易生病的天气是"冷不死，热不死，忽冷忽热折腾死"。

知道起居需要顺应晨昏规律：

日出而作，日落而息。

（夏）虽云早起，莫在鸡鸣前；（冬）虽言晏起，莫在日出后。

爱眠冬至夜，爱玩夏至天。

顺应时令的同时，讲究起居有常，而不能以妄为常。

生活中的点滴细节，都要参酌天气气候的因素，各种"老话儿"不胜枚举：

冬不困板，夏不睡石。

春不露脐，冬不蒙头。

热是头热，冷是脚冷。

莫饮空腹酒，莫睡当风觉。

大汗迎大风，必定请郎中。

露里走，霜里逃，感冒咳嗽自家熬。

小病不治，大病难治。

衣要看天穿，饭要按时吃。

人们也非常注意各个季节容易导致什么类型的疾病，正所谓：

春伤于风，夏伤于暑，秋伤于燥，冬伤于寒。

并且认为冷热虽是问题，但忽冷忽热才是更大的问题：冷不死，热不死，冷冷热热折腾死。

古人说：禹沐淫雨，栉扶风。

大禹用大雨洗头，用大风梳发。

虽然壮怀豪迈，但医生可能会说：这不很容易受寒伤风吗？！

很多人都是"带病"看红楼的——带着"职业病"。厨师读《红楼梦》，记住了不少菜谱；医生读《红楼梦》，记住了一些偏方；我读《红楼梦》，会不自觉地记得某些故事中的情节或词句与气象的关联。

读《红楼梦》的时候，我注意到一些细节，比如林黛玉的肺病是春分、秋分复发；秦可卿的心病却是冬至不添病就算指望，而真正的指望是春分。

黛玉每岁至春分秋分之后，必犯嗽疾，今秋又遇贾母高兴，多游玩了两次，未免过劳了神，近日又复嗽起来，觉得比往常又重，所以总不出门，只在自己房中将养。

……

这里黛玉喝了两口稀粥，仍歪在床上，不想日未落时，天就变了，淅淅沥沥下起雨来。秋霖脉脉，阴晴不定，那天渐渐的黄昏时候了，且阴的沉黑，兼着那雨滴竹梢，更觉凄凉。

不仅春秋嗽疾加重，夏季也不安生。农历五月初一，天气炎热起来，黛玉出去后便中暑了。所以"天气好不好，病号先知道"，冷热、干湿、晴雨的各种转换，处处皆须留神提防。

弱不禁风的黛玉总是比他人更能够"印证"时令和天气的变化。

贾蓉请了医生给可卿看病，旁边贴身服侍的婆子唠叨道："如今我们家里现有好几位太医老爷瞧着呢……有一位说是喜，有一位说是病，这位说不相干，那位说是怕冬至，总没有个准话儿……"

诊断之后，贾蓉问疾病是否关乎性命，医生说："吃了这药也要看缘了。依小弟看来，今年一冬是不相干的。总是过了春分，就可望痊愈了。"

贾母差人探望可卿：这年正是（农历）十一月三十日冬至，到交节的那几日，贾母、王夫人、凤姐儿日日差人去看秦氏，回来的人都说：这几日也没见添病，也不见甚好。

王夫人向贾母说："这个症候，遇着这样大节不添病，就有大的指望了。"

可见，在人们的潜意识中，节气往往是一个"坎儿"。人们的预期是：在阴寒的冬至，不添病就谢天谢地了，待到和暖明媚的春分，可以暖到病除，所谓妙手回"春"。

但春天也有春天的烦恼，忽冷忽热的"春如四季"，也会使体弱之人"因时气所感"而痼疾加重，于是黛玉"嗽疾"复发，"一天医药不断"。

● 病人就是寒暑表，天气变化他知晓

人体对于天气变化的感知，非常敏锐。气压、温度、湿度的变化，不仅会影响人们的心情，也会引起机体的反应。尤其是病人，抵抗力比较弱，而且平时也更关注天气，对气象要素哪怕很细微的变化，也能够有异于常人的察觉能力。

东汉王充就注意到"天且雨……痼疾发"，要下雨的时候，人的老毛病就可能会发作。甚至很多人调侃，老寒腿"气象台"对气旋性降水的预报能力有时比真正的气象台还要准。目前，已经开始有了"天气与疼痛"这个看似跨界的细化研究。

脚冷天变，手冷天晴。

腰痛腿酸疮疤痒，有雨就在后半晌。

张天师，孔圣人，不如老么脚后跟。

人们从机体不同部位、不同程度的反应中判断与天气的关联。

英语谚语：

When your joints all start to ache，rainy weather is at stake.

（当你的关节都开始疼痛，降雨已在酝酿之中。）

A coming storm your shooting corns presage，and aches will throb，your hollow tooth rage.

（鸡眼痒，蛀牙疼，伤痛处抽搐，都在提醒你：风暴将至。）

怎样治病呢？

《红楼梦》里的一个药方，真是烦琐到了极致。"真真把人琐碎死"（宝钗语）的药方儿：

春天开的白牡丹花蕊十二两，夏天开的白荷花蕊十二两，

秋天开的白芙蓉花蕊十二两，冬天开的白梅花蕊十二两，

将这四种花蕊，于次年春分这日晒干和在药末子一处，一齐研好。

又要雨水这日的雨水十二钱，白露这日的露水十二钱，霜降这日的霜十二钱，小雪这日的雪十二钱…

"冷香丸"的雨露霜雪

这药，需要雨水日必须下雨，白露日必须出露，霜降日必须结霜，小雪日必须降雪。何止是"可巧"，老天爷看过药方，都会皱着眉头叹一句：好难!

但从前对于平民而言，不敢奢望这样的药方。而这药方之外的"药方"，就是人们从起居和饮食的细节，以性价比高的简便方式呵护机体。

食饮者，热无灼灼，寒无沧沧。

也就是说，入口之物，不要太热，也不要太凉。

有姜不愁风，有椒不愁寒。

四季不离蒜，不用去医院。

十月萝卜小人参，家家药铺关大门。

冬吃萝卜夏吃姜，不用先生开药方。

秋瓜坏肚。

夏饮绿，冬饮红。夏天宜饮绿茶，冬季宜饮红茶。

立夏爱食瓠仔面，才会肥搁白。立夏节气这一天要吃瓠仔面，才会长得白白胖胖。

六月六，仙草米筛目。（农历）六月天气炎热，人们喜欢吃仙草和米筛目这些食物，第一是清热，第二是止渴，第三是充饥。所谓六月六，只是人们惯常使用的六月的"代言者"而已。

单说吃鱼，也要先研究鱼的生长：

宁买小满水，不买芒种鱼。

猪长三秋，鱼长三伏。

伏里不长猪，九里不长鱼。

还要琢磨什么时节吃什么鱼，吃哪类河鲜：

春鲢、夏鲤、秋鳝、冬鲫。

春蚌、夏螺、秋蟹、冬鱼。

即使吃鱼，还要讲究：鱼吃四季，春头、夏尾、秋背、冬肚皮。

春初早韭，秋末晚菘。最好的蔬菜，是初春的韭菜，深秋的白菜

正葱二韭，较好食肉脯。正月的葱和二月的韭菜最好吃，甚至比肉（及肉制品）还好吃。

清明螺，端午虾，九月重阳吃爬爬。

什么时候，吃什么，不吃什么，规定得明明白白，令我等都觉得自己的三餐过于轻佻甚至粗鄙了。

立冬白菜，赛过羊肉。

霜打雪压青菜甜。

十字花科蔬菜中含具有苦味的芥子油苷类物质。天气温暖时，青菜就会有些苦味。而天气寒凉时，青菜的芥子油苷类物质的合成则会迟缓甚至停滞。

而且，在长期的进化过程中，每当气温下降时，青菜为了防止自己的细胞被冻坏，会采取自我保护措施——青菜里的淀粉在淀粉酶的作用下变成麦

芽糖酶，进而转变为葡萄糖，细胞液中增加了糖分，就不会轻易被冻坏。

但当气温开始低于4℃时，青菜会因为受冻造成细胞损伤，细胞膜破裂，细胞内的糖、氨基酸等物质便会外渗，从而形成甘甜、软糯的诱人口感。

使蔬菜由苦变甜的，是寒冷的温度，而不是霜、雪。

古人不懂其中机理，认为这是霜、雪对蔬菜的影响。西汉《氾胜之书》中就有记载："芸薹足霜乃收。"打了霜之后再收萝卜，否则口感会苦涩。西晋的陆机也说过："蔬茶要得霜甜脆而美。"

但所谓"霜打蔬菜分外甜"，主要指十字花科类的蔬菜，比如北方的大白菜，冬储大白菜，确实越放越甜。南方的小油菜、白菜薹、红菜薹等，经霜之后鲜甜可口。

而有些蔬菜如番茄、辣椒、红薯、豆角等，受冻之后不易贮藏。尤其是茄子，霜打的茄子，不只是蔫儿了，而且还会形成一种物质——茄碱。茄碱对人体有害，过多食用可能会出现恶心、呕吐、腹泻等症状。

古代还有很多关于"合食"的禁忌，即哪几种食物不能同时食用，当然有一部分并不确切，或仅为臆断，但相当一部分是经验累积。还有很多"忌口"。清代李渔不愿讲究烦琐的忌口。他说："生平爱食之物即可养生，不必再查本草。"反映出很多人对各种清规戒律的反感。

其实，令人眼花缭乱的诸多"细则"，无外乎是希望顺应时令，契合物候，追求不违逆自然的生活方式。众多的顺口溜，归纳着人们应对气象变化的各种心得。

天气起兴类谚语

东边日出西边雨，道是无晴却有晴。

　　很多天气谚语，也是以天气起兴，起于天气但不止于天气，反映着与天气同理的诸多规则与习俗，如果仅仅是将其视为天气谚语，就过于狭隘了。

　　这类谚语，可将其称为"气象+"谚语，或者气象延伸类谚语。

　　疾风知劲草。

　　大树之下，草不沾霜。

　　热极生风，穷则思变。

　　春为花博士，酒是色媒人。

　　好汉难挡四面风。

　　冬不可以废葛，夏不可以废裘。

　　天旱没露水，人老无人情。

　　别人求我三春雨，我去求人六月霜。

　　轻霜冻死独根草，狂风难毁万木林。

屋漏更遭连阴雨，行船又遇顶头风。

露水见不得老太阳。

人过三十五，好比庄稼到处暑。

白云好看难当棉，大话好听不值钱。

冻死烤火的，冻不死打柴的。

冻死迎风站，饿死不弯腰。

晴天留人情，雨天好借伞。

看风使舵，顺水推舟。

有衣望冬早，无衣恨春迟。

彩云易散，香气易消。

大树之下，草不沾霜。

毛毛细雨，湿得了衣，救不了火。

人情薄如秋云，世事短如春梦。

百日连阴雨，总有一朝晴。

惊雷虽响是空声。

没云就没雨，没始就没终。

多下及时雨，少放马后炮。

以寒霜律己，以春风待人。

彩云经不起风吹，彩霞经不起日晒。

没有不下雨的天，只有不讲理的官。

云中藏不住云雨事，雪里埋不住雪花银。

天干无露水，官清断人情。

官易头热，民易心寒。

不怕云乱翻，就怕官太贪。

山高不能遮日，官高不能荫身。

这些谚语，都是以气象之弦，奏出非气象的弦外之音，而且奏得清晰、柔和，把普通声响化为妙音，入情入理，入耳入心。

早出日，不成天。是说太阳早早出来且特别明亮，好天气反而不会持续太久，常被引申为少年得志未必好。

早春雨，慢冬露。早稻要靠雨水，晚稻要靠露水。

因为早稻生长时正值雨季，而晚稻生长时降水显著减少。露水也是水，也有滋润之功效，引申为不能忽视看似微小的帮助。

六月芥菜假有心。在台湾地区，芥菜属于冬季蔬菜。人们不但吃菜叶，也吃菜心，而且最美味的正是菜心。冬季的芥菜菜心粗壮、细腻、可口。但夏季的芥菜生长不良，虽有茂盛的叶子，却无美味的菜心。农历六月天气最炎热，自然也是芥菜菜质最差的时候。此谚语也引申指花言巧语。

云里千条路，云外路千条。形容解决问题的途径有很多。除了预报的目的之外，我们观察天气，也为了找到与天气同理的人间道理。

风急雨落，人急客作。风刮急了就下雨，人着急了就会"饥不择食"。

这些都说到了气象，但想说的，似乎又不是气象。如果只把它们天气谚语，似乎有点大材小用了。

人们关注气象，不过关注的视角和态度，却往往在气象之外。所以与其说人们关注气象，不如说人们关注的是"气象+"。

两个人端详着小麦的秸秆在微风中摇摆，于是有了这样一番问答：

问：茎短些可以吗？

答：茎若再短，则穗谷近地，未免烂损。

问：茎长些可以吗？

答：茎若再长，则雨打风吹，恐易折断。

问：茎秆为何柔软得摇来摆去？

答：若非如此，鸟雀便驻足其上，即要伤谷。

问：茎为何有节？

答：风吹时更显韧性。

看来，一切皆是恰到好处，身在摇摆，心有定力。万千草木，春荣夏秀，一切是那样自在。它们无一不是揣摩着天气和气候做着自己的加法和减法。所以，纷繁的各种物象，皆是气象的衍生物。

自古以来的诗词歌赋，没有写到天气的其实很少。即使没有直接描述阴晴冷暖、雨雪风霜，也会描述景物，而景物便是某个时节的物候，即特定时令天气气候所运化的标识物而已。

"沆瀣一气"，本来纯粹是说天气。沆与瀣，都指水气，尤指夜半易生霜露的寒凉之气。后来，沆瀣之所以能够加盟贬义成语阵营，只是因为唐代时考生崔瀣参加科举考试，被考官也是他的老师崔沆录取。于是，时人以"沆瀣一气"嘲笑此事。慢慢地，"沆瀣一气"再也没有天气层面的含义了。

"落花流水"这个成语，也已经很难让人联想到物候了。但它不正是暮春时节的物候吗？降水增多、径流加大之时，花渐残败，风过处，残红零落，落入河溪之中，于是漂泊。

"曾经沧海难为水，除却巫山不是云"，无意中叙述的，不正是地形作用对于成云致雨的影响吗？

"东边日出西边雨，道是无晴却有晴"，前半句说的是晴雨分布的局地性，但不知后半句是不是吐槽天气预报不太准？（笑谈而已。）

和风细雨，雷厉风行，见风使舵，未雨绸缪，云遮雾罩，风生水起，雪上加霜，屋漏偏逢连阴雨，各人自扫门前雪，莫管他人瓦上霜……

脱胎于天气的很多词句，大家用着用着，便渐渐地对字面儿上的天气都视而不见了。

气象，大家最熟悉，每个人都有体验，以某种气象或物候现象及规律，与其他事物进行类比，或者阐释复杂、深刻的道理，时常可以"四两拨千斤"。

在芸芸世事之中，如何认识和顺应气象，理应凝聚人们最多的共识。于是很多谚语、俗语或寓言，便是将天气气候规律视为公理，然后在此基础上阐释相通的道理。

很多名人之言，也常常依托天气，"雪崩时，没有一片雪花是无辜的"。借天喻世，往往比借古讽今更通俗、更有画面感。

德语谚语：

Kleiner Regen macht großen Wind legen.（小雨让强风变弱。）

汉语中类似的说法是：小雨可以浥大尘。

德语谚语：

Vom Regen in die Traufe.（躲得过雨，躲不过屋檐。）

英语谚语：

It wasn't raining when Noah built the Ark.（诺亚造方舟的时候还没下雨。）

我们的成语更简洁：未雨绸缪。

Small rain lays great dust.（小雨压大尘。比喻小东西可能派上大用场。）

After rain comes fair weather.（雨后天气更好。比喻历经磨难，前景光明。）

韩语谚语：

간에붙고쓸개에붙다 .（风大随风，雨大随雨。）

가난한집제사돌아오듯 .（越穷越见鬼，越冷越刮风。）

阿拉伯谚语：

假如生活中你得到的总是阳光，那你早就变成了沙漠。

阿根廷谚语：

Cuanto más fuertes los vientos entonces más fuertes los árboles.

（风刮得越猛，树就越强壮。）

这些"气象+"谚语，字面直译并不难，值得玩味的是字面之外的含义。

在日本，有"五月晴"的说法。并不是说五月的天气很晴朗，而是说此时的晴，是梅雨时节忙里偷闲的晴。晴虽美好，但总让你心里没底。诗人川古俊太郎曾描述，这样的晴，让人"无安心感，有的只是隐隐约约的焦虑，以及毫无来由的期盼"。不像秋高气爽的晴，既令人清爽，又令人放心、踏实。"五月晴"，明明是天气描述，但却引申地代表了让人心里没底，担心随时失去的美好事物。

巴基斯坦谚语：

风，不是总朝着海员希望的方向吹。

就像所古人说：天不为人之恶寒也辍冬。上苍不会因为人们憎恶寒冷而除掉冬季，自然规律并不以人的意志为转移。

法语中有几个十分常用的说辞：

Après la pluie，le beau temps.（雨过天晴。）

而约定俗成的引申意义是苦尽甘来。

Faire la pluie et le beau temps.

（想要雨有雨，想要晴有晴。引申义为"作威作福"）

看来，人们祈望风调雨顺的愿望是相同的，想要呼风唤雨的心思也是相近的。

德语谚语：

Eine Lerche，die frühzeitig singt，noch lange keinen Sommer bringt.

Doch rufen Kuckuck, Nachtigall，so ist der Sommer nicht mehr weit.

（太早唱歌的百灵鸟带不来夏天。但是如果布谷鸟和夜莺叫了，夏天就不远了。）

Ein Blitz trifft mehr Bäume als Grashalme.

（闪电击中的树比草多。）

Die Frösche quaken wohl，aber das Wetter machen sie nicht.

（青蛙确实呱呱叫，但它们不决定天气。）

人们明白，即使青蛙，也同样是天气的观察者，而非决策者。

俄语谚语：

Один цветок весны не приносит.

（与我们的"一花独放不是春"非常相近。）

人们都不约而同地借助物候揣摩气候，于是关于季节更迭的物候判据有了引申的意义。

俄语谚语：

Сухая погода молотьбе подспорит.（打谷场求不到干燥天。）

人们还是有"求"的心理，从前指望祈祷，现在希望"人影"（人工影响天气）。

俄语谚语：

Гроза бьёт по высокому дереву.

（响雷打高树。）

可以理解为更高的职位需要承担更大的风险，也可以理解为"枪打出头鸟"，但是建议严格枪支管理，加强鸟类保护。

"气象+"类谚语，是由天气道理"辐射"到其他事物。可一旦误读了天气气候，谚语的引申部分便成了无由之道，无稽之理。

在一则励志美文中读到："无论下多久的雨，雨后总能见到彩虹。"我竟然不厚道地联想到：雨过之后风太大，或者雨过之后云太厚，或者雨过之后雾太浓，或者雨过之后夜太深……还能够见到彩虹吗？

就像网络用语所言：一句话毁掉"小清新"！

正因为天气气候是每个人都熟悉的，属于共知范畴，所以人们乐于借助气象来说理，于是众多表达就有了"气象+"的属性。

"一树春风有两般，南枝向暖北枝寒"所刻画的固然是向阳与背阴的差异，一棵树上的小气候，但总能让人读出余味。"向阳石榴红似火，背阴李子酸透心"，所叙述的虽是向阳与背阴之物候，但更着力于引申另外的小气候。

有一种苦，叫作比较苦，与他人比较之苦，恰似背阴李子看向阳石榴时的心境。所以，修平常心，戒比较苦，平常心是自我抚慰的 sunshine（阳光），比较苦是自我折磨的 shadow（阴影）。生活中，我们也常常这样评价，这人性格很阳光，那人内心很阴暗，同样也是"气象＋"手法的点评。英语中表背阴的阴影的单词 shadow 甚至还有幽灵之意。

很多文艺作品，也借助气象烘托剧情，铺展故事。把热恋"安排"在阳春时节，久别重逢配以风和日丽，愁思配以阴雨连绵，恐惧配以雷电交加……

气象，是在文艺作品和人生境遇中处处存在但常被忽略的"友情出演"，不用自己去刷存在感。BBC 前气象主播 Bill Giles（比尔·基尔斯）曾有一段话：（琢磨气象的人）看影视剧时，即使在剧中男女主人公久别重逢、热情拥吻的时刻，依然能够留意到他们身后的云是什么云。

或许，这样很无趣，但这就是植根于职业的一种"气象＋"的生活习惯。

天气谚语，不像诗词歌赋那样工整、华美，却更为质朴、直白、俏皮，更接地气，同时更能够透露出天气之外的人文思想。

第五章

节气歌谣

立春阳气转，雨水沿河边

"山中无历日，寒尽不知年"，古时很多人没有日历，只是凭借物候来猜测时令。"花开花落，春去春来，万物自有定数"。定数，即规律。人们认识气象，首先要把握规律，然后再探究定数之外的变数。二十四节气，便是为人们提供"定数"。然后人们将每个节气的气候特征、物候规律进行梳理，以指导农桑。

　　二十四节气的传播，在很大程度上得益于朗朗上口的韵语化。

　　对于我来说，小时候最初接触二十四节气，也是从节气歌谣开始的。因为有一句"小满鸟来全"，所以很盼望意念中这个叽叽喳喳热热闹闹的节气。

　　我们常说：岁月不饶人。但对于农民来说，是节气不饶人。你误它三日，它误你一年。所以"百姓不念经，节气记得清"。

　　节气歌谣中最简约的启蒙版本，就是：

　　春雨惊春清谷天，夏满芒夏暑相连；
　　秋处露秋寒霜降，冬雪雪冬小大寒。

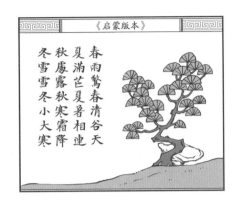

《启蒙版本》

春雨惊春清谷天

夏满芒夏暑相连

秋处露秋寒霜降

冬雪雪冬小大寒

它让我们对节气之名先有一个概念。然后，各个节气是在什么时候呢？

按照公历来推算，每月两气不改变；

上半年是六廿一，下半年是八廿三。

除了节气歌谣，也有被称为气候月歌的歌谣：

正月寒，二月温，正好时候三月春。

四暖五燥六七热，不冷不热是八月。

九月凉，十月寒，严冬腊月冰雪天。

但总觉得月歌里只有冷暖，没有物候，过于概念化。还是节气歌谣中的物候让人感觉更鲜活、更亲近。

两三岁的时候，我记住的第一个"长篇"歌谣，便是爷爷教我背诵的节气歌。小时候学的节气歌谣，有些可以是"通行谚"，有些是局限于东北家乡的地域气候。

立春阳气转，雨水沿河边；

惊蛰乌鸦叫，春分地皮干；

清明忙种麦，谷雨种大田；

立夏鹅毛住，小满鸟来全；

芒种开了铲，夏至不拿棉；

小暑不算热，大暑三伏天；

立秋忙打靛，处暑动刀镰；

白露快割地，秋分无生田；

寒露不算冷，霜降变了天；

立冬交十月，小雪地封严；

大雪河封上，冬至不行船；

小寒近腊月，大寒整一年。

立春，天气回暖，古人的说法是阳气回转。

雨水为什么要到河边呢？因为东风解冻，冰面开始融化了。但是别伸手，春扎骨头秋扎肉，早春的河水，还是刺骨的冷！

雨水时节到河边走走，还有一个好处，因为河边一般都有垂柳，春天的物候历程是"柳色黄金嫩，梨花白雪香"。因为柳树上有早春嫩嫩的颜色。正如杜甫所言：漏泄春光有柳条。

雨水，是隶属于春季的六个节气中天气回暖幅度最低的一个节气。雨水增多，回暖放缓。

不是春姑娘贪玩，而是因为由雪到雨，由冻到融，是一件花工夫、耗热量的系统工程。所以雨水时节最能体现春姑娘韧性之美。

旧时很多人家的大门上都有一副"对联"：天钱雨至，地宝云生。这时候，雨水增多比气温升高更重要。谚语说：正月雨，麦的命；二月雨，麦的病。雨要恰逢其时地降临，所以回暖要稳，降雨要紧。

德国的一则天气谚语，说的也是类似的道理：

Ein nasser Februar bringt ein fruchtbar Jahr.（二月湿润兆丰年）

春盘宜剪三生菜，春燕斜簪七宝钗。春风春酝透人怀。春宴排，齐唱喜春来。

从前，民间节令习俗最丰富的就是立春和端午。一个是喜春，一个是避厄。

小时候喜欢立春，唯一的原因是春饼。春饼卷菜，"春到人间一卷之"。这个习俗的本意是立春时春饼卷上一些新鲜的时令菜。但在寒冷的家乡，最新鲜的菜，就是秋储的萝卜、土豆、大白菜。

所谓"萝卜白菜，各有所爱"，其实想来很无奈，因为——没有别的可以爱。冬天真没啥吃的，"冬至过去六个六，萝卜白菜也当肉"。

惊蛰的时候，乌鸦就开始叫了。咱还别嫌弃乌鸦，其实在唐代以前，"乌鸦报喜，始有周兴"，所以古时候，乌鸦是一种具有吉祥意味和预言能力的鸟。换句话说，以前乌鸦是喜气洋洋的"预报员"。只是后来，大家开始讨厌"乌鸦嘴"了。

春分地皮干，春分的时候为什么地皮干呢？因为风大了，风把地皮都吹干了。

到了惊蛰，数九数完了。

九九加一九，耕牛遍地走。

二月惊蛰又春分，稻田再耕八寸深。

三月清明又谷雨，茄子番茄满地里。

四月立夏小满到，棉花出苗麦穗高。

人们不再是数着日子过日子了，而是赶着日子过日子了。

春分麦起身，一刻值千金。

被视为"得四时之气"的冬小麦，虽然比一般作物抗冻，但很惧怕料峭春寒。

谚语说：（小麦）正月怕暖，二月怕寒，三月怕霜，四月怕雾，五月怕风。

最好是：正阴，二暖，三风，四旱。所以春分时节，麦子希望你暖一些。

古人说：乍暖还寒时候，最难将息。是说初春时节难以入睡。为什么呢？

现在的原因或许是：一，天气回暖，容易心浮气躁；二，停暖气了，被窝太冷。

清明忙种麦，谷雨种大田。有人说，不对吧，不是"春分麦起身，一刻值千金"吗？春分的时候麦子都返青了，为啥清明才开始种麦子呢？

因为华北是冬小麦，而气候更寒冷的区域是春小麦，清明才开始种。不过记得小时候东北种麦子是早于清明的，春分前后就开始忙活了。

古人有春祈秋报的习俗，春社时祈祷，秋社时还愿。唐朝王驾的《社日》云：

鹅湖山下稻粱肥，豚栅鸡栖半掩扉。

桑柘影斜春社散，家家扶得醉人归。

春社祭祀祈求丰足，然后是大家欢宴痛饮。前半部分是紧，是虔诚；后半部分是松，是纵情。即使在这个关乎年景的节日，也依然是一张一弛。

"清明"这个词，本义是气清景明，空气清爽，景物明丽。所以"清明"二字被译为 Clean & Bright（洁净且明亮）。

但在北方一些地区，清明前后，黄沙不住——正是风沙肆虐之时。

黄沙漫天来，白天点灯台。出门不见路，庄稼沙里埋。

一场沙尘暴，能把白昼变成黑夜。望着窗外，人们调侃道：要是出门去购物，就想买点能见度。沙尘，时常辱没清明之名，也把"最美人间四月天"的说法弄得灰头土脸的。

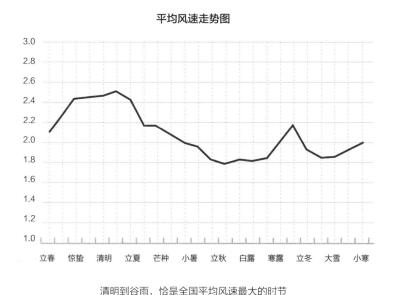

平均风速走势图

清明到谷雨，恰是全国平均风速最大的时节

不过，20 世纪 50 至 70 年代，沙尘天气的确大为减少，其中风速减弱是一个重要因素。

1961—2017 年中国北方地区沙尘日数

1961—2017 年中国平均风速距平

清明明，谷雨淋。

清明宜晴，谷雨宜雨。

人们希望清明时最好是晴，谷雨时最好有雨。先给阳光，后给雨露。

所谓"清明时节雨纷纷"只是江南的气候写照，并非各地的通例。

谷雨，乃雨生百谷之意，但谷雨时节最大的特色还不是雨，而是风。就全国气候平均而言，谷雨是一年之中风最大的节气。

华南是"雨水种瓜，惊蛰种豆"，而江南常常是"惊蛰不耕田，不会打算盘"，再往北，是"清明前后，种瓜点豆"。东北播种晚，要到谷雨之后才行。农事的内容与次第因地域不同有着巨大的差异。

但是，由于气候变化，很多作物的生长期也同样产生了变化。

根据IPCC（政府间气候变化专门委员会）第五次评估报告：1982—2008年，北半球生长季的开始日期平均提前了5.4天，而结束日期平均推迟了6.6天。

很多作物适宜生长的时节延长了，但由于气温升高，作物"疯长"，实际生长期却缩短了。从前的小满节气物候，是"三候麦秋至"，现在往往是冬小麦"提前毕业"。

一次在陕西出差，农业专家向我们介绍，平均气温升高1℃，当地小麦的生长期缩短大约6天，既影响到品质也影响到产量。

一位吉林的农业专家告诉我，这里的旱田，以前春种的基调是"别急"："立夏到小满，种啥都不晚。"但气候变暖之后，现在春种的基调是"赶紧"："谷雨到立夏，种啥都不怕。"相近的农事，大约提前了一个节气。

监测数据也印证了这一点：

吉林省1961—1990年的平均无霜期为169天，但2012年开始往往超过200天。无霜期几乎延长一个月。

气候变暖使吉林、黑龙江等地 20 世纪 90 年代以来 10℃以上积温显著增加，作物播种期提早 10~15 天，生育期则延长 10 天以上。

所以气候变化，会直接"危及"很多农事谚语在一个地方的适用性。原来很灵验的谚语，或许会受到气候变化的"连累"而失准。

从前农历四月被称为困月、乏月，因为"冬谷既尽，宿麦未登"，到"地主家也没有余粮"的程度。现在气候变化了，单纯就物候而言，很多地方可将农历三月视为困月、乏月。

现在，吃饭的问题解决了，所谓困月、乏月，更像是倦意丛生，春困夏乏的困与乏。

阳春三月，虽然主粮还在地里，没在囤里，更没在锅里。但各种花花草草可以既是这个时节的"颜值担当"，又是食物"担当"。三月二十八，槐花柳芽菜疙瘩。

这时候，人们"拈花惹草"，不是轻薄，也不是为了充饥，而是为了尝鲜，野生的时鲜。

我们常用一个句式：如雨后春笋般茁壮成长。

春笋长得有多快呢？

节气谚语说：清明笋，膝头高；谷雨笋，屋顶高！

所以清明挖笋，谷雨长竹。

在节气起源的黄河流域，阳春时节最著名的节气谚语是：清明断雪，谷雨断霜。

寒冷的两位"形象代言人"——雪和霜，终于"退

清明断雪 谷雨断霜

役"了。

还有一个相同句式的谚语：清明断刀，谷雨断挑。说的是从前山区树木砍伐的一个不成文的规矩。可见，农业看节气，林业也看节气。

春分地皮干，是因为风太大。立夏鹅毛住，是因为风小了，鹅毛都可以待在地上不动了。《淮南子》中便有"立夏大风济（止）"的说法。

春分的时候，冷暖空气经常打架，所以总是刮风。立夏的时候，暖空气当家做主了，所以风就小了。

对于东北来说，是"立夏杏花开，寒霜不再来"。立夏虽曰夏，但气候平均而言，全国陆地面积的61%是春天的领地，所以立夏恰是盛春时节。

麦从立夏老，豆到立秋黄。大家各长各的，无须相互攀比，麦奔立夏谷奔秋。但大家还都青葱之时，麦子开始独自"镀金"了。日渐金黄的麦田，提醒着人们：青黄不接的日子，快到头了！

小满鸟来全。惊蛰的时候乌鸦来了，春分的时候燕子来了，小满的时候各种鸟全都来了。鸟类"全体大会"隆重召开，这是在小满。

在很多地方，冰雪消融算是第一次迎春，鸦雀欢聚算是第二次迎春，而小满时节，该来的都来了，对于鸟儿来说，小满可谓圆满。

在所有的鸟儿当中，"待遇"最高的，是燕子。不仅文人吟咏，古时还享有最高的"官方礼遇"。《礼记月令》中记载："是月也，玄鸟至。至之日，以大牢祠于高禖，天子亲往，后妃帅九嫔御。"燕子归来的那一天，天子都会出席专门为燕子举行的欢迎仪式。

英语谚语：One swallow does not make a summer.（一燕不成夏。）

与我们的"一花独放不是春，百花齐放春满园"有异曲同工之妙。当所有的鸟回归之时，真正的大夏天便不远了。

小满时，麦已小熟，天未大热。正是宜人的时光。但谚语说：百鸟集中，不雨便风。当"林子大了，什么鸟都有"的时节，也是什么天气都可能有的时候，激烈的对流性天气也就显著增多了。

立夏不下，犁头高挂；

小满不满，干断田坎。

此时蒸发量加大，各种水灵灵的禾苗欢快地长身体，经常喊渴。大家都指望着雨水这个"供给侧"呢。可是，小满不满是常态，有底气敢说"小满江河满"的，几乎只有华南了。

小满赶天，芒种赶刻。芒种的时候真是特别忙，间间苗，施施肥，锄锄草，尝尝鲜，地里的活儿特别多。

所以才会有一则谚语：芒种夏至天，走路要人牵；牵的要人拉，

拉的要人推。

它大致具有三层含义：

一是说明农民在田地里忙碌了一天，满身疲惫，累到走不动；

二是说芒种时往往多雨，道路湿滑泥泞，走路时需要相互搀扶。芒种之后长江中下游地区陆续进入梅雨季节。正所谓：夏至未过，水袋未破。

三是入夏之后，人们容易力倦神疲，周身无力，病恹恹的感觉。

夏至不拿棉。南方是"三月三，穿单衫"，虽然老话儿常提醒：未食端午粽，寒衣不可送。还没吃粽子呢，千万别把棉衣收起来。东北夏天来得晚，所以5月棉衣才退役，6月棉被才退役。但现在气候变化了，过了"五一"大家几乎就不着棉了。

小暑不算热，大暑三伏天。这个不太对，小暑时节，也就入伏了。小暑、大暑经常"没大没小"的，很难说谁更热。往往是小暑的时候地温高，大暑的时候气温高，反正，都不凉快。

全国有55%的地区，最高气温的极端纪录，都"诞生"于小暑、大暑期间。"小暑大暑，上蒸下煮"，开始盛行湿热。所以，即使有些地方最高气温的极端纪录发生于小满、芒种或夏至，但那时的天气往往干热，蒸比烤更加难熬。虽然两者都是我们不喜欢的天气"烹饪"方式。

而且南方的"暑"往往是加长版的，有时"小暑大暑不算暑，立秋处暑正当暑"。印象特别深的，2013年南方地区最如火如荼的高温，就是从立秋开始的。

从前有"六月六，晒龙袍"的习俗。农历六月初六，即临近小暑之时，皇宫内为皇帝晒龙袍。百姓家里没有龙袍，就在家门口暴晒自己的衣服。据说这个习俗是源于唐僧在西天取经归来的路途中，过海的时候经文被海水浸湿，只好将经文取出晒干，那天刚好是六月初六。这个习俗之所以能够流传很久，官民皆参与其中，一个最重要的前提是：天气炎热暴晒。也算是小暑天气又热又晒的一个旁证。

谚语说：六月六，晒棉衣，晒了棉衣晒褰衣。

小暑之后，雨水也多了，大雨时行，湿气浓郁，扑面而来的，是蒸人的桑拿天。

小暑期间进入伏天，一个字：热！头伏日头二伏火，三伏热浪没处躲。

有人用三种烹饪方式描述伏天之热：头伏如火烧，二伏如油浇，三伏如熏烤。

还有一句谚语，伏天无君子。

伏天把人热得已经顾不得衣冠，顾不得那么多的风度和礼数了。

大暑的湿气被称为龌龊热，真的是：大暑龌龊热，伏天邋遢人。

所以，暑热之时，还能够保持衣衫清新、服饰整洁的话，值得点赞！

古人的消暑方式很多，可以燎香、执扇、抚琴、近竹。而现代人的消暑方式更为简单、粗暴——吹空调、吃冷饮。相比之下，古人的消暑方式比较文艺，更讲究物我相合，更像是一种生活格调。

虽然人们怕热，但深知"（农历）六月不热，五谷不结"的道理，天气可以热，只是希望也别太暴晒。因为暴晒的时候，既没有降水量，蒸发量又增大。最好能稍微平衡一些，作物更喜欢这样的天气——"六月打连阴，遍地是黄金"。

如果老天爷能够时不时地"赞助"一场雨水，那就更贴心了。"六月落雨人情雨"，暑热时节的雨被称为"人情雨"，算是老天爷送给我们的一份人情。"六月三场雨，瘦地变黄金"。

想来也是，如果说冷暖气流大兵团交战的锋面降水算是本分的话，小范围游击战式的热对流降水或许可以算是情分。但"夏雨隔牛背"甚至"鸟湿半边翅"，说明夏雨并非平均主义，所以经常有人调侃：下还是不下，拼的是人品。

"打靛"，现在听来已经很生疏了。靛，又被称为"靛青"，是一种深蓝色的有机染料，蓝色的衣服就是染坊中用靛青漂染出来的。打靛，就是靛秧成熟之后赶紧收割，然后放在靛缸当中，人们用木把击打，以加快调制靛浆。

在东北，是立秋忙打甸。立秋的时候，已是丝丝缕缕的秋凉，可以打草料，得给羊啊马啊牛啊准备过冬的饲料了。于是到繁茂的草甸上去打草，有人也顺便"搂草打兔子"，到草甸上打猎。小时候，拿着筐、绳子、耙子、镰刀，到草甸里去打草。当时并未留心是否从立秋时开始，只记得打草的时间似乎很长。

处暑动刀镰。到处暑的时候就得开始收割了，所以谚语说：处暑立年景。

春管油盐，夏管米，冬管六畜，秋管你。我们在每个季节都会有获得感，但最大的获得感，无疑来自秋天。到处暑的时候，今年收成怎样，基本上就有个眉目了。

不过，"庄稼过了暑，人过四十五"，这时候庄稼个子高，身子骨僵了，一风雨交加，很容易倒伏。

但是在南方，"千浇万浇，不如处暑一浇"。很多作物还在抓紧时间苗壮成长。三春不如一秋忙，打到囤里才算粮。最揪心的，就是秋收时候的天气不给面子。

棉到白露白如霜，谷到白露满地黄。

白露的时候收割要继续，但是别太急，"夏收要紧，秋收要稳"，可是也别磨蹭，一不留神天儿就冷了，有些庄稼怕冷，不耐寒。

秋分无生田。"青黄不接"是在晚春。而到了秋分的时候，只有黄的没有青的了，庄稼都可以"毕业"了，希望不要"肄业"。

白露快割地 秋分无生田

在江南：白露见稻花，秋分见稻谷。此时，天地之间有两种令人陶醉的颜色：金色和白色。正所谓：秋分白云多，处处好田禾。

一个"好"字，似乎有两层含义，一是长得好，二是长好了。

秋分时节，正是"蓝蓝的天上白云飘"的时候。鸟飞欲尽暮烟横，一笛西风万里晴。

一笛西风，天气很美，诗人的解读更美！

以前读"休说鲈鱼堪脍，尽西风，季鹰归未"，总觉得说说总可以吧。岁月静好的时代，不能总是"N丈豪情"。秋风起时，能够想起美食，本是顺理成章之事，更何况现在"吃货"也已经不再是贬义词了。记得医生曾经对我说，换季的时候，可以适当懒一懒、烦一烦、馋一馋。

过了十一黄金周，天儿就冷了，但还不算太冷。到霜降的时候，那就真冷了！北方一年当中，什么时候气温下降速度最快？就是霜降到立冬的时候。

但是，也不能小觑寒露，要是没有寒意，人家凭啥叫作寒露呢？霜降的冷，有差不多一半儿是人家寒露给攒下来的，霜降彰显的是累积效应而已。

深秋时节，有一种灾害，叫作寒露风。

农谚说：棉怕八月连阴雨，稻怕寒露一朝霜。

寒露风原指华南寒露时节危害幼年晚稻成长的低温现象，或凄风（干冷型）或苦雨（湿冷型）。而当双季稻北扩至长江中下游地区，晚

寒露不算冷 霜降变了天

稻的这种"小儿科"疾病开始在秋分前后流行。所以广义的寒露风，未必仅是风，也未必仅发生于寒露，而是危害晚稻的低温综合征。

登高望远时，恰是秋高气爽天气。但很多人依然无暇陶醉于金秋之美，因为"九月九重阳，收秋种麦两头忙"。

九月田垌金黄黄，十月田垌白茫茫。

仅仅一个月之后，大地便卸了妆，重新以素颜示人。从前是以田垌白茫茫形容霜雪，但是现在，偶尔有白茫茫的雪，经常是灰蒙蒙的雾。

有诗云：

雾外江山看不真，只凭鸡犬认前村。

渡船满板霜如雪，印我青鞋第一痕。（〔宋〕杨万里）

霜降时节，气渐寒，霜如雪，而且雾气加重，清晨时常处于低能见度的状态。搁在现在，可能是只凭 GPS（全球定位系统）认前村。

在俄罗斯，霜冻的辈分很高，它是一位爷，霜冻爷爷（Дед Моро́з）。霜冻爷爷的职责和圣诞老人差不多。但之所以叫作霜冻爷爷，或许是因为那里，霜冻"当家"管事儿的时间很长，人们在他面前都很卑微。在俄罗斯情景喜剧《爸爸的女儿们》中，就有这么一个桥段，6 岁的小女儿"小扣子"为了促使父母早点和好，便在风雪天离家出走，满大街去找霜冻爷爷，向他求助。可见在孩子们心目中，霜冻爷爷是有多管事儿啊！

为什么会专门有"无霜期"这个概念，而没有无雷期、无雪期的说法呢？因为霜冻执掌着作物的生杀予夺。无霜期，是草木无忧无虑的成长时光。

全国平均而言，"以风鸣冬"的立冬时节是一年之中气温下降速度最快的时段。天气越来越冷，到小雪的时候开始下雪了。

但对南方而言，"（农历）八月暖，九月温，十月还有小阳春"。暖气团撤退之前，还可能会恋恋不舍地营造一番和暖的小阳春，一番感人的作别。这时的江南，"禾稼已登"，小阳春正好晒谷，大家心情好爽。有诗云：一年好景君须记，正是橙黄橘绿时。

节气中，有三组大小节气：小暑大暑、小雪大雪、小寒大寒。于是经常有人探讨：小暑大暑谁更热？小寒大寒谁更寒？总的来说，小暑大暑经常"没大没小"，伯仲之间；小寒大寒，倒是小寒略胜一筹。

那么，小雪大雪是如何区分大小的呢？所谓的大与小，并非只是降水量的大与小，而是积雪的多与少。小雪时节，一天当中的温度还在0℃上下晃悠，所以雪可能是下了就化，化了又冻，冻了又消融。而大雪时节的降雪，飘落之后就有可能"坐住了"。地上白茫茫的积雪，给了人们特别好的"印象分"。

立冬交十月 小雪地封严

在华北，冬小麦的冬灌，讲究的是：

不冻不消，冬灌嫌早；

一冻不消，冬灌嫌晚；

又冻又消，冬灌最好。

说的是如果还没有上冻，就太早了；如果冻得结结实实，就太迟了；只有“又冻又消”，就是白天消融、夜晚冰冻，才是冬灌最适宜的时节。这便是在小雪时节。

谚语说：小雪封地，大雪封河。大地开始封冻了，然后水面也开始结冰了，船都可以休息了。“三月初一试船雨”，待到阳春三月，它们又可以愉快地上岗了。

小时候 12 月就可以穿上冰鞋或者坐上冰车，高高兴兴地滑冰了。不像华北地区，三九四九才能冰上走。

但是，随着气候变暖，“冰上走”可得留神，危险莫过于“如履薄冰”。2018 年立春，我才想起去颐和园滑冰，工作人员已经开始不停地巡查冰层融化的情况了。这里的滑冰季是 1 月 6 日至 2 月 4 日，只有小寒大寒两个节气，而且还是在大寒极寒的背景下。

从前，冬至可是一个大节气，有很多说法，比如“亚岁”，比如“肥冬瘦年”，最公允的说法是“冬至大如年”。人们在阴阳流转的时节庆贺祈福。但现在冬至已渐渐被人们冷落了。

2017 年初，与几位朋友聊起春天修剪、移栽的事。有人说：“我们老家都是在冬至那天修剪枝条，让它们利利索索地过年。”我说：“可是冬至离过年还远着呢。”他答道：“冬至大如年嘛！”

这是我许多年以来，除了书本之外，第一次听到“冬至大如年”。可见很多民俗虽然很少见诸报端，但依然不声不响地活在很多不显眼的地方。

冬至，之所以被视为一个"大"节气，因为它是白昼最短、黑夜最长、阳光最疏远我们的时节。"吃了冬至饭，一天长一线"，这是古人心目中阴气始衰、阳气始生的节气，阴阳流转令人充满期待。所以到了冬至，人们会相互道贺，文雅的贺词便是：迎福践长。

人们在最黑暗的时令看到希望，日子会一天一天好起来。

小寒大寒，冻成冰团。这是一年当中最寒冷的时候，多数情况下小寒比大寒还冷。但小的时候没太注意，反正零下30℃和零下40℃好像都差不多，冻得都没感觉了。气温离体温越近，人们越敏感；气温离体温越远，人们越难以分辨出细微的差别。30℃和35℃，人们的感触大不一样。但零下30℃和零下35℃，似乎也没啥差别，只一个字：冷！

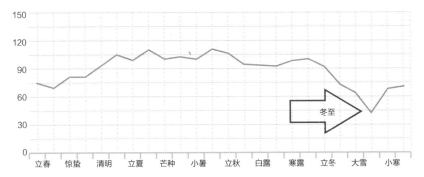

各节气全国平均日照时数

二十四节气，数完小寒大寒，然后就可以准备过年了！

人的理性，体现在并不以体感舒适度来评价天气。最热的时候，想到的是：三伏不热，五谷不结。最冷的时候，想到的是：大寒不寒，人马不安。

其实，世上最大的神灵或许就是自然规律，要敬畏和信奉它，不要违逆它。二十四节气便是以时间之规，度天气之律。

在巴蜀一带，有一首颇有趣味的《节气百子歌》：

节气百子歌

正月过年耍狮子
二月惊蛰抱蚕子

三月清明飘坟子
四月立夏插秧子

五月端阳吃粽子
六月天热买扇子

七月立秋烧袱子
八月过节麻饼子

九月重阳捞糟子
十月天寒穿袄子

冬月数九烘笼子
腊月年关躲债主子

说个子道个子，

正月过年耍狮子，二月惊蛰抱蚕子，

三月清明飘坟子，四月立夏插秧子，

五月端阳吃粽子，六月天热买扇子，

七月立秋烧袱子，八月过节麻饼子，

九月重阳捞糟子，十月天寒穿袄子，

冬月数九烘笼子，腊月年关躲债主子。

所谓农桑，北方长大的孩子，或许熟知农，但未必知晓桑，未必能够了解"抱蚕子"的含义，未必能够在运用"抽丝剥茧""病去如抽丝""春蚕到死丝方尽"这样的语句时提取到原始的生活情境。但各地的特色吃食，已逐渐融合，对于"吃货"而言，理解原产于他处的美食，并不难。

再看一则长江中下游地区的二十四节气歌谣：

立春阳气转，雨水落无断。惊蛰雷打声，春分雨水干。

清明麦吐穗，谷雨浸种忙。立夏鹅毛住，小满打麦子。

芒种万物播，夏至做黄梅。小暑耘收忙，大暑是伏天。

立秋收早秋，处暑雨似金。白露白迷迷，秋分秋秀齐。

寒露育青秋，霜降一齐倒。立冬下麦子，小雪农家闲。

大雪罱河泥，冬至河封严。小寒办年货，大寒过新年。

雨水时节，北方各地的降水量还只是个位数，很多甚至只有一二毫米。往往是（农历）二月雪如花，三月花如雪，而南方却已春雨潇潇，降水量几乎十倍于北方。

与立春时相比，雨水时节降水量的增长率：

湖北增长 24%，安徽增长 22%，浙江增长 19%，江苏增长 15%，江西增长 14%。明显比 GDP 的增幅大。

在长江中下游部分地区，惊蛰与初雷之间有着比较好的对应关系：

长江中下游地区初雷日期						
南昌	长沙	武汉	杭州	合肥	南京	上海
2月14日	2月15日	3月1日	3月13日	3月15日	3月15日	3月23日
立春时节		雨水时节	惊蛰时节			春分时节

而在北方，包括二十四节气的起源地区在内，谷雨时节才是初雷发声的集中时段：

谷雨时节迎来初雷											
郑州	北京	石家庄	济南	长春	沈阳	西安	太原	呼和浩特	西宁	兰州	哈尔滨
4月20日	4月23日	4月25日	4月27日	4月27日	4月27日	4月28日	4月30日	4月30日	5月4日	5月4日	5月4日

所以，各地二十四节气歌谣本身，也浓缩和写照了本地化的气象、物候、农桑与风俗，既有地域特征，也有时代烙印。

从前，人们是以节气物候作为气候的"形象代言人"。所以古老的节气传承着物候历血统。

除了节气物候，人们还会留意各个节气之间的天气"相关系数"。比如：

"谷雨阴沉沉，立夏雨淋淋"

——15天的天气韵律，正相关。

"小满满池塘，芒种满大江"

——15天的天气韵律，正相关。

"芒种不落雨，夏至十八河"——15 天的天气韵律，反相关。

"立夏小满田水满，芒种夏至火烧天"——30 天的天气韵律，反相关。

"立春大淋，立夏大旱"——90 天的天气韵律，反相关。

"冬至雪漫山，夏至水连天"——180 天的天气韵律，正相关。

最著名的天气韵律，是八月十五云遮月，正月十五雪打灯。记得小时候听到这个说法便觉得好神奇。这些年我们常常做这则谚语的天气验证，每年的准确率算不上很高。其实这则谚语当初触动我的，并不是它的准确率有多高，而是觉得古时的人好神奇，居然能构思这种 150 天的天气韵律，从八月十五跳跃到正月十五，这联想、这思维是何等飘逸！如果这也算气象学的话，那应该归类为"浪漫主义气象学"。

实际上，这种"遥相关"思维，依然存活于当今现实主义的气象学。

节气，一直在一闻一见、一茶一饭之中，陪着我们。

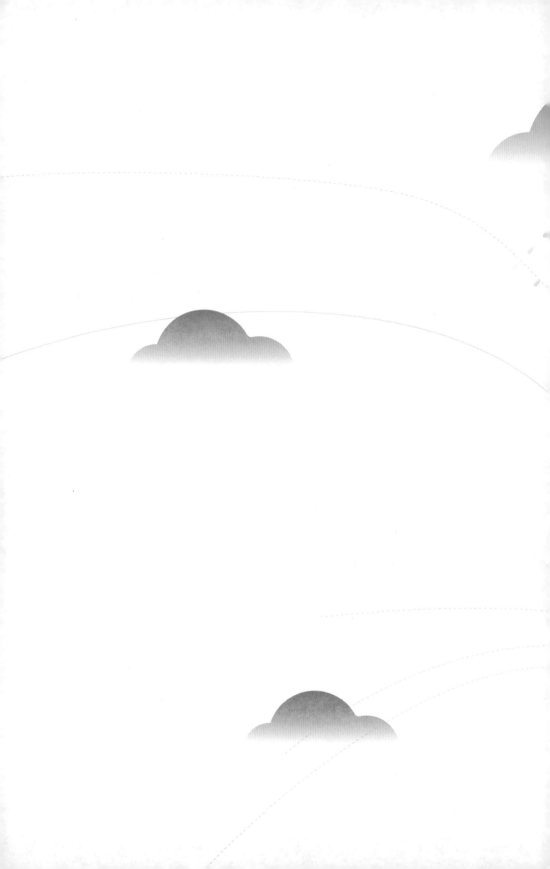

第 六 章

数伏与数九

夏九九，冬九九

数着日子过日子，注定不是好日子，要么是因为太冷，要么是因为太热。

古代，最早有数伏，然后有数九。再后来人们揣摩数九与数伏之间的天气韵律，形成了"坐九望伏"的理念。

所谓伏，最初只是伏日，始于公元前676年的秦国，汉代将伏日延为三伏。直至唐代，岭南地区最重视的四大节日中仍有伏日。唐代刘恂《岭南录异》云："岭表所重之节，腊一、伏二、冬三（至）、年四（元日）。"可见伏日的民间地位，高于任何一个节气。

古人认为酷暑是因厉鬼作怪，"厉鬼行，故昼日闭，不干他事"，人们闭门静处，称为"伏"。

所谓伏，一般可以有两层含义：

一是阴气藏伏。"阴气将起，迎于残阳而未得升，故为藏伏，因名伏日"。

二是隐伏避暑。"伏者，隐伏避盛暑也"。隐伏避暑，这是人们"多么痛的领悟"。

所以伏，既指阴气潜伏、蓄势而动，也指人们藏起来避暑。

那么什么时候该"伏"呢？这就需要制订一种规范的方式，告诉大家什么时候是伏季的起止，于是就有了入伏、出伏之说。因为它关乎人们的休戚安危，所以很少有人会将伏日的计算方式加以简化或对时段进行缩减。"夏至三庚数伏"的算法逐渐成为通识。

夏至三庚数伏，即夏至起的第三个庚日进入三伏天。

甲日	乙日	丙日	丁日	戊日	己日	庚日	辛日	壬日	癸日

如果夏至那天恰好是庚日，就算是第一个庚日；如果夏至那天偏巧是辛日，只好九天之后才碰到第一个庚日。

夏至三庚数伏，还有一个"补充条款"：夏至与立秋之间有四个庚日，三伏为 30 天；夏至与立秋之间有五个庚日，三伏为 40 天（中伏为 20 天）。

所以 7 月 16 日之前入伏的，中伏是 20 天；7 月 20 日之后入伏的，中伏为 10 天。

7 月 17~19 日之间入伏的，中伏可能是 10 天，也可能是 20 天。

	7 月 11 日入伏	最早入伏	8 月 20 日出伏	

	7 月 21 日入伏	最晚入伏	8 月 20 日出伏

6 月中旬	6 月下旬	7 月下旬	7 月中旬	7 月下旬	8 月上旬	8 月中旬	8 月下旬
芒种	夏至		小暑		大暑	立秋	处暑

7 月 27 日入伏	最早出伏	8 月 16 日出伏

7 月 19 日入伏	最晚出伏	8 月 28 日出伏

气候平均最热的（连续）30 天

气候平均最热的（连续）40 天

所以最早的入伏日是 7 月 11 日，最晚的入伏日是 7 月 21 日；最早的出伏日是 8 月 16 日，最晚的出伏日是 8 月 28 日。但数伏的 30 天或 40 天，与多数地区气候平均最热的（连续）30 天或 40 天并不完全吻合。严格地说，伏天并不是一年之中最热的时段。

当然，关于数伏，听起来是"一刀切"的，大家同一天。所以见到报刊上"我市明日开始数伏"，大家就会觉得特别有喜感。但实际上，古时候人们已经逐步意识到各地气候差异太大，同一天入伏，不尽合理。

《风俗通·户律》记载了关于部分地区可以自行选择三伏起止日期的故事：

"汉中巴蜀广汉自择伏日。俗说汉中巴蜀广汉土地温暑，草木早生，晚枯气。异中国夷狄畜之故，令自择伏日也。

这在历法一统的古代，算是一种灵活的气候"自治"吧。但最终，各地伏季差异化的理念未能推广开来。

与数伏相比，数九的习俗是很晚才有的。而数九又分为两种，一种是冬九九，一种是夏九九。

冬九九可能始于气候寒冷的南北朝时期，而夏九九大约始于气候温暖的唐宋时期，这很容易理解，风俗乃气候使然。作为后来者，夏九九套用冬九九的数法，但却没有像冬九九那样成为人们言说气候的平民风尚。

数九的习俗在传承的过程中，简洁描述气候征象的九九歌成了一种最好的载体。

先看冬九九：

《荆楚岁时记》中有云："俗用冬至日数及九九八十一日，为寒尽。"这句话信息量很大：一，说明数九从冬至日始；二，说明数九是民间起源的习俗；三，说明数九的着眼点不是界定最寒冷的时段，而是数完九九便是春暖。正所谓"寒图消九九，春信缓三三"。

由于各地冬季的气候差异最大，所以冬九九的版本众多。

华北版本九九歌：

一九二九不出手，三九四九冰上走，五九六九沿河看柳，七九河开，八九雁来，九九加一九，耕牛遍地走。

从一九到六九，都是两个两个数，七九开始一个一个数，因为回暖节奏快了，气温开始"转正"了，眼前的物候"看点"也多了。

注：这个版本的九九歌中，常有"八九雁来"和"八九燕来"的差异。应为"雁来"，因为"玄鸟至"（燕子归来）是春分一候的物候标识，"似曾相识燕归来"在春分之后。

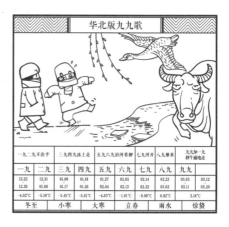

气温为北京 1981–2010 年相应时段的平均气温

清代《帝京岁时纪胜》中记载了一则京城的九九歌：

一九二九，相唤不出手；三九二十七，篱头吹觱栗；

（形容朔风嘶吼的声音）

四九三十六，夜眠如露宿；五九四十五，家家堆盐虎；

（用盐堆比喻雪人）

六九五十四，和尚不出寺；七九六十三，冻落耳朵弦；

八九七十二，口中咽暖气；九九八十一，穷汉受罪毕。

再往南，是这样的物候次第：

一九二九不出手，

三九四九缘凌走。

五九半，凌碴散。

春打六九头，脱袄换个牛。

七九六十三，行人把衣宽。

八九不犁地，只待三五日。

九九杨花开，以后九不来。

江南版本九九歌：

12.22—12.30	12.31—01.08	01.09—01.17	01.18—01.26	01.27—02.04	02.05—02.13	02.14—02.22	02.23—03.02	03.03—03.11	03.12—03.20
一九	二九	三九	四九	五九	六九	七九	八九	九九	
相见弗出手 一九二九	篱头吹筚篥 三九二七	夜晚如鹭宿 四九三六	太阳开门户 五九四五	贫儿争意气 六九五十四	布袖担头担 七九六十三	猫儿寻阴地 八九七十二	犁耙一齐出 九九八十一		
冬至		小寒		大寒		立春		雨水	惊蛰

一九二九相见弗出手；

还有的版本是：一九二九，在家枯守。总之，最好不出门，出门也不出手。

三九二十七，篱头吹筚篥；

筚篥，古代的一种乐器，比喻寒风吹得篱笆发出噼里啪啦的响声。人们无奈地"欣赏"冷空气指挥的"交响音乐会"。

还有说：头九温，二九暖，三九四九冻破脸！

四九三十六，夜晚如鹭宿；

晚上天寒，南方室内与户外常是一样的温度，说多了都是泪！只得像白鹭一样蜷缩着身体睡觉。

也有的版本是：四九三十六，赶狗不出屋。狗穿着皮袄皮裤皮靴，都如此惧寒，何况人乎？

五九四十五，太阳开门户；

即将立春，暖意始生，祝太阳开门大吉哦！也有的版本是：五九四十五，穷汉当街舞。天暖了，人们开始欣喜和躁动。当然，也有善意的提醒：不要舞，还有春寒四十五。

六九五十四，贫儿争意气；

春打六九头，人们也开始舒展和勤快。还有的版本说：六九五十四，再冷没意思。虽说没意思，但有时冷空气偏要来"意思意思"。

七九六十三，布袖担头担；

午后的天儿开始燥热，人们忍不住脱下厚衣服，把它撂到一边去了。也有的版本是：七九六十三，脱袄给狗穿。别呀，狗还想脱下自己的那身儿皮袄呢。

八九七十二，猫儿寻阴地；

阳光开始"辣眼睛"了，猫儿明智地到阴凉之处"躲猫猫"去了。经常看到这句被讹传为"八九七十二，猫儿寻阳地"，这可得征求一下猫的意见。有的版本是：八九七十二，黄狗睡阴沟。仅供猫儿参考。

九九八十一，犁耙一齐出。

九九时节，也已惊蛰，南方已是"可耕之候"。此时雨水渐多，所以也有"九九八十一，穿上蓑衣戴斗笠"之说。

还曾读到过一个四川版本的九九歌：

一九二九，怀中插手；三九四九，冻死老狗；

五九四十五，行人嘴打鼓；六九五十四，沿河看柳芽；

七九六十三，皮袄给狗穿；八九七十二，儿童阶前戏；

九九八十一，牧童田中立。

12.22—12.30	12.31—01.08	01.09—01.17	01.18—01.26	01.27—02.04	02.05—02.13	02.14—02.22	02.23—03.02	03.03—03.11	03.12—03.20
一九	二九	三九	四九	五九	六九	七九	八九	九九	
一九二九	怀中插手	三九四九	冻死老狗	五九四十五	六九五十四	七九六十三	八九七十二	九九八十一	
				行人嘴打鼓	沿河看柳芽	皮袄给狗穿	儿童阶前戏	牧童田中立	
冬至		小寒		大寒		立春		雨水	惊蛰

歪批一下，可以想见当地养狗的情形比较普遍，以"蜀犬吠日"形容日照之稀缺也并非偶然。

描述时令和物候的谚语或歌谣，其实也能够在一定程度上折射出当地的生态和风俗。

例如朝鲜语中的谚语：

（农历二月风大）二月风吹来，能打破泡菜坛子。

例如日本的天气谚语：

猫が顔を洗うと雨。（猫洗脸，备雨伞。）

秋早く熊が里に出ると大雪。（秋熊早进村，大雪必封门。）

竹の葉から露が落ちると晴れ。（竹叶滴露天必晴。）

当然，更形象的个例是我们的"早穿皮袄午穿纱，围着火炉吃西瓜"，一句歌谣便透露出特定气候之下的生活方式。从前东北有一段民谣："棒打狍子瓢舀鱼，野鸡落在砂锅里。"现在一回味，那种生态场景，也只是留存在民谣之中了。

再看夏至开始数的夏九九，先看一个南方版本：

06.22—06.30	07.01—07.09	07.10—07.18	07.19—07.27	07.28—08.05	08.06—08.14	08.15—08.23	08.24—09.01	09.02—09.10
一九	二九	三九	四九	五九	六九	七九	八九	九九
羽扇不离手 夏至入头九	脱冠着罗纱 二九一十八	出门汗欲滴 三九二十七	浑身汗湿透 四九三十六	炎秋似老虎 五九四十五	乘凉入佛寺 六九五十四	夜眠寻被单 七九六十三	思量盖夹被 八九七十二	阶前鸣促织 九九八十一
夏至		小暑		大暑		立秋	处暑	白露

再引用一个元代《田家五行》中记载的版本：

一九二九，扇子不离手；

三九二十七，冰水甜如蜜；

四九三十六，汗出如洗浴；

五九四十五，头戴秋叶舞；

六九五十四，乘凉入佛寺；

七九六十三，夜眠寻被单；

八九七十二，思量盖夹被；

九九八十一，阶前鸣促织。

06.22—06.30	07.01—07.09	07.10—07.18	07.19—07.27	07.28—08.05	08.06—08.14	08.15—08.23	08.24—09.01	09.02—09.10
一九	二九	三九	四九	五九	六九	七九	八九	九九
羽扇握在手 夏至入头九	脱冠着罗纱 二九一十八	出门汗欲滴 三九二十七	卷席露天宿 四九三十六	炎秋似老虎 五九四十五	乘凉进庙祠 六九五十四	床头摸被单 七九六十三	子夜寻棉衣 八九七十二	开柜拿棉衣 九九八十一
夏至		小暑		大暑		立秋	处暑	白露

这是现存最早的南宋《吴下田家志》中记载的夏九九歌谣

夏九九歌谣的版本虽多，但言辞和含义大同小异，因为各地的夏季气温体现着显著的相似性。夏九九歌谣，或许只是文人雅士的夏日写照，内容极少涉及农事，在农耕社会也就很难引起共鸣。

关于数伏与数九，有以下几个问题。

● **为什么数伏不是夏至开始而是"夏至三庚数伏"，但数九却是从冬至开始？**

其实从前数九也有烦琐的数法。一个是冬至起数九，称为"提冬数九法"；另一个是冬至起的第一个壬日开始数九，称为"逢壬数九法"。

"冬至逢壬数九"方式的日期计算相对烦琐，所以现在人们基本上都以冬至即开始数九作为通用方式。文化习俗也基本都以趋简为走向。

● **为什么数九的方式趋简，而数伏的方式依然传习汉代的方式呢？**

对于现代人来说，数伏和数九均源于古代，但数伏却更久远。

如果以《史记》所载"（秦德公）二年，初伏，以狗御蛊"，即公元前676年作为数伏传统的起始年代，以公元6世纪的《荆楚岁时记》作为数九传统的起始年代，那么两者之间相距超过一千年。三伏作为季节之外另行的时节划定方式，"岁时伏腊"在汉代已成为年度的一种称谓。

所以数伏是历经了近2700年积淀的"古训"，早已在各种历书中成为规制，在民间传承中约定俗成。数伏的习俗出自官方，算法谨严；而数九的习俗源于民间，算法多样。简洁的版本更容易"修成正果"。

- **为什么数伏是逢庚日，数九是逢壬日呢？**

古人认为炎热的夏季属火，庚属金，金怕火，所以到了庚日，人们要像金一样藏伏。

古人认为壬主生。《史记》有云："壬者，之为言任也，言阳气任养万物于地下也。"

而冬至时节，阳气潜藏，正待生发，所以古人认为壬日可以为冬至阳生提供助力。

因此，逢庚数伏，逢壬数九，都出自阴阳五行的理念。

- **为什么有数九的歌谣，却没有数伏的歌谣呢？**

数伏的本意一是躲避厉鬼，二是躲避酷暑。数九的本意是苦熬寒冬，期待春暖。

数九是苦中作乐，而数伏是危中求安。两者在人的心理层面处于不同重量级。

所以数伏的心态是敬畏、恭谨，而数九的心态更为超脱、从容。数伏原本不是一个适宜调侃的严肃命题，而数九多多少少有些游戏的成分，可以用谣谚的方式道出人们对于气候的感触。这 81 天，统称"数九寒天"。苦寒年代，人们希望以这种雅致和闲适的方式，挨过漫长的冬季，想把无趣过成有趣，把难受变成享受。好在，数着数着，可以等到奇迹。

编段顺口溜，来首消寒诗，画个梅花图，也算是庶民的农闲消遣，士人的冬日雅兴。当然，现在比较风靡的消寒图"亭前垂柳珍重待春风"是清道光年间才有的。

●　**为什么冬九九流传下来了，但夏九九却逐渐衰微了呢？**

古时冬也数九，夏也数九。按理说，夏季南北气温梯度远比冬季小，各地的气温更相近，一首九九歌就可以"包打天下"，不像冬九九歌有那么多地域界线清晰的版本。

尽管冬九九歌谣具有更显著的限定性，而夏九九歌谣具有更广泛的适用性，但夏九九歌为什么远不及冬九九歌那般流传呢？

或许有这样几个原因：

一，冬闲夏忙，无暇仔细数；

二，严冬之苦甚于酷暑；

三，夏季的天气更为多元和复杂，人们的关注点比较分散，不大可能只聚焦在气温方面；

四，夏九九说的是温度转变过程，而冬九九说的说生机的酝酿过程。那份守候，更为唯美，更值得人们憧憬。

●　**都在夏季数，数伏能流传，数九（夏九九）为什么没能深入人心？**

且不说数伏的悠久，只比较它们的时段差异。

与农闲的隆冬不同，

在大忙的盛夏数上九九八十一天，实在是太漫长了！夏至时，人们对从立秋时"乘凉入佛寺"到处暑时"夜眠寻被单"的转变可能完全无感。人们最在意的还是最炎热的时节，用三四十天框定，人们尚可接受。

夏九九不仅"战线"太长，而且日期相对固定，在人们看来不能表征雨热配置的年际差异。也就是说，夏忙时，对气候的判断要简洁、聚焦。在大家对气候的诉求最强烈之际，最好能够提供年际差异化的方案。

在气候变化的背景下，表征冬寒的冷夜数量在减少，表征夏热的暖昼数量在增多，天气经常背离歌谣中的古韵，无论是冬九九还是夏九九。关于天气的歌谣和谚语，往往不仅与地域相关，也与年代相关。

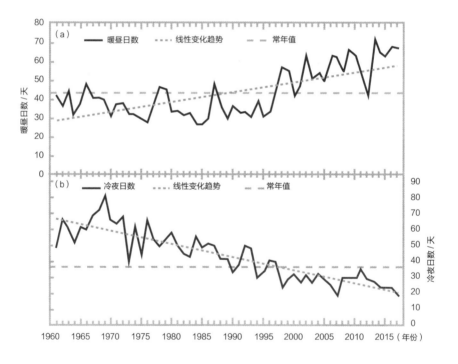

1961—2017 年中国暖昼（a）和冷夜（b）日数变化

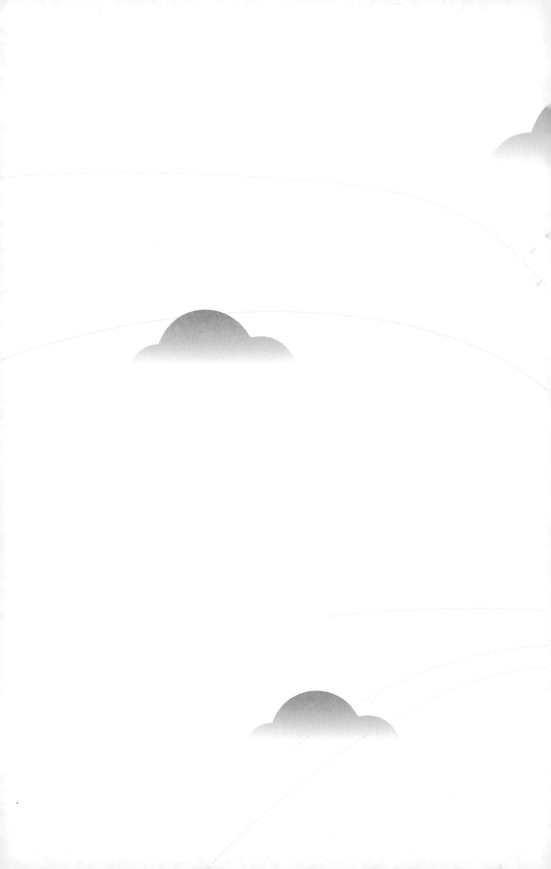

第七章

五风十雨

什么是好天气？

《红楼梦》中曾写道，怡红院里，本该阳春开花的海棠，居然在农历十一月初蹊蹊地开花了！

有人认为是花妖，有人认为是祥瑞，只有贾母凭借丰富的物候阅历，道出了她的判断："这花儿应在三月里开的，如今虽是十一月，因节气迟，还算十月，应着小阳春的天气，这花开因为和暖是有的。"

元代娄元礼的《田家五行》中有云："仲冬初，和暖，谓之十月小春，有谓之晒糯谷天。"

在北方，从霜降到立冬，常常是一年之中气温下降速率最快的时节；从立冬到小雪，初雪陆续降临。

但在南方，季节的更迭却拖拖拉拉，即使到了农历十月，往往依旧十分和暖。一些树木可能会"梅开二度"地深秋开花。在本该转冷的立冬之后，居然如阳春三月一般，于是被称为"十月小阳春"。

所谓季风气候，便是冷暖气团之间的进退攻守。若用从前的"游击战"16字诀来归纳，以冷气团的视角，春天是敌进我退，夏天是敌驻我扰，秋天是敌疲我打，冬天是敌退我追。

但在一些年份，"敌"（暖气团）深秋不疲，初冬不退，令"我"（冷气团）无可奈何。在初冬时节，由于暖气团过于强盛，撤退较晚，造成温暖天气的滞留，草木受到异常气温的诱骗，不合时宜地开了花。近年来，草木受到天气诱骗的事例经常被报道。它们不知道时节，觉得气温适宜便萌芽吐蕊。人穿错了衣服，可以随机应变，可以随时增减。它们做错了，便没有改正或者反悔的机会。

在北美地区，也有"十月小阳春"的现象。暮秋时节，本当冬季将至，但天气忽然回暖，加上满眼绚烂的秋色，暖洋洋的，美国人把这种回暖称为"印第安之夏"（Indian Summer）。而在德国，深秋时的暖阳天气，被称为"老处女的夏天"。反常的天气，往往能给人们留下深刻的印象，他们将逆势而暖的天气称为夏显得有些夸张，"小阳春"之说或许更为恰切。

在"明清小冰期"，小阳春比较稀奇，但在气候变暖的现今，已非罕见。2013年的11月，南方仍炎热如夏末一般，1330号超强台风"海燕"还能以年度"风王"的姿态肆虐，足见暖湿势力之强大。南方即使隆冬一月，"读你的感觉像三月"的事例也已屡见不鲜。而三月呢，2013年，美国也曾发生初春气温飙升，"May in March"（三月恍如五月）的极端现象。

冬天来得太晚，不好；春天来得太早，也不好。

以前，人们常常将"又是一年春来早"作为一种"祥瑞"，喜气洋洋地赞颂着。

北京在最近50年中，入春时间由清明一候，渐渐地到了春分一候，提早了整整一个节气。入夏时间的变化跨度更大，由芒种一候，"漂移"到了立夏二候，提早将近一个月。春天的提早来临和提早落幕，不是偶然的气候变率，而是一种清晰的趋势。如果这样的线性趋势依然持续，一个世纪之后，北京雨水节气就入春了，但整个春季却可能被压缩到只有30天左右，春分时节就入夏了！

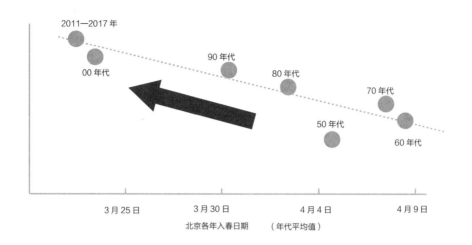

北京各年入春日期　　（年代平均值）

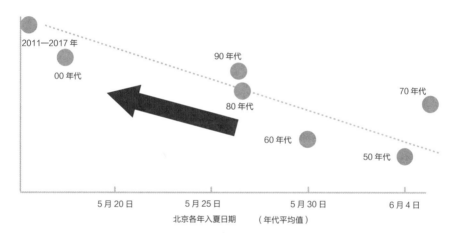

北京各年入夏日期　　（年代平均值）

　　"又是一年春来早"，是包裹着糖衣的气候异常。风之调，雨之顺，皆在于应和"四时行焉"的气候规律，季节的往复，不能常态化地违规和失调。来得早，不如来得巧，好的气候，需要"守常"。

　　"谩嗟吁，一半儿因风一半儿雨"，人们的悲愁欢喜，时常是因为天气。

　　人们生活在天地之间，气候给了我们特定的视角，使我们对于天气注定会有很多体验和见解。这，便是我们的天气观。而天气观，是我们世界观中最"垫底儿"的那一部分。

从前，人们谨小慎微地看着上苍的"脸色"。

什么是天气？天气曾被视为天怒、天喜、天赐、天谴。所以人们既要记录灾异，又要（甚至可以说更要）关注祥瑞。能够避害，还要趋利。所以古籍之中有太多对于各种祥瑞的穿凿附会。

古代的臣子经常念叨：雷霆雨露，莫非天恩。雷霆代表坏天气，雨露代表好天气。

那么，什么是好天气？

我觉得有两个成语可以概括古人的基本理念：一是风调雨顺，它代表了宏观原则；二是五风十雨，它代表了具体表象。

现在被问及"你喜欢什么天气"，很多人的答案常常是晴天或者雨天之类。

但先贤们早早便知道，在季风气候的背景下，最好的天气，是风和雨之间和谐与默契。因为"雨热同季"的季风气候，两种极致相叠加，气候变率很容易被放大为天灾。

而五风十雨，即五天刮一次风，十天下一场雨，是人们对天气变化具体节律的愿望。当然，对于"五风十雨"还有一个附加条款，就是：风不鸣条，雨不破块。

古人说："协气东来，和风南被。"这是人们认为的风的理想状态。

首先风向，最好是东风和南风。

其次风力，既不是轻软之风，也不是强劲之风，和风是 4 级左右的风。

风和气所形成的体感，是和谐。《汉书·礼乐志》："嘉承天和，伊乐厥福。"人间的乐与福，皆源自"天和"，自然的祥和之气。

有一句谚语说：千日晴不厌，一日雨落便厌。

只喜欢雨天的人毕竟是极少数，绝大多数人都能够理性地认识到，晴很好，亢则旱；雨不错，霪则涝。没有哪个天气现象是绝对的好天气。

有人做过统计，杜甫的 1400 多首诗当中，直接写到雨的，就有两百多首。

他既做过喜雨的诗，也做过喜晴的诗。但就诗的数量而言，喜雨远多于喜晴，这或许就是杜甫所处地区的气候之写照。某种天气，因稀缺而被赞颂，某个季节，因短促而被怜惜。生活中的气候背景和天气阅历，左右着我们对晴雨冷暖的好恶。

久旱云亦好。

一直不下雨，来朵云也像是一份礼物。

既雨晴亦佳。

下过雨的晴才显得格外好。

总不下雨，甚至都想"安得鞭雷公，滂沱洗吴越"。知时节的雨是好雨，知人意的雨更是好雨。

对于特定地方而言，符合气候规律的天气都应当被视为好天气。

清代《台湾府志》曾记述：

清明之后，地气自南而北，则以南风为常风。霜降以后，地气自北而南，则以北风为常风。若反其常，则台飓将作，不可行舟。

人们希望天行有常，气候能够遵守常态，而不是呈现变态。符合气候规律，最通俗的说法，就是该冷的时候就冷，该热的时候就热。

九里不冷夏不收，伏里不热秋不成。

夏作秋，没得收；夏不热，籽不饱。

伏天热得狠，丰收才有准。

国外谚语中也同样体现着对于冷暖的理性：

德语版本：

Ist der Winter warm，wird der Bauer arm.

英语版本：

If the winter is warm, the farmer will be poor.（冬季不冷，农民受穷。）

冬不白，夏不绿。

冬无结冰，春阳不通。

这两则谚语会让热带、亚热带地区的人们很不服气。有时，一两句话就能看出你的天气观是"产自"哪个气候区。

人们"数伏愁寒，数九望暖"，虽然古时消暑、御寒的能力很差，但思及农桑，人们对于冷暖，并不以体感舒适度论英雄。

人们希望刚入伏时下雨，快出伏时晴天。为什么？

谚语说：淋伏头，晒伏脚，打的粮食搁哪好？

以往人们谈论天气好坏，几乎都是以农作物的好恶为好恶。

盛夏天气热一些也没啥，不怕自己热得燥，只要稻谷哈哈笑。

隆冬冷一些也没啥，九里冷，麦年成。

即使常年面朝黄土背朝天地忙活，可人们还是觉得"小富由勤，大富得天"。上苍之阳光雨露，才是致富决定性的因素。

人们希望降水是这样的：

春雨勤，夏雨匀。

春不烂路，冬不湿衣。

这是人们关于降水方式的价值观。

谚语说：正月要冷，二月要温，三月要暖，四月要热，五月要旱。

希望逐月的天气能够遵循这样的特点。但这哪里是人的喜好，这完全是小麦的喜好。

人们认为，"雷乃发声"太早，不好：

正月动雷犯忌讳。

雷响冬，十个牛栏九个空。

未蛰先雷，人吃狗食。

但"雷始收声"太晚，也不好：

九月打雷空江，十月打雷空仓。（长江流域）

霜雪太早太晚，都不好：

未霜先霜，籴米人像霸王。

冬至无霜，碓杵无糠。

腊月打了三斤霜，来年狗都不吃糠。

早霜晚雪，伤害禾麦。

冬雪如浇，春雪如刀。

众多谚语，保持着高度的理性，任何一种天气现象，多不好少不好，早不好晚不好，不偏不倚，不疾不徐，刚刚好。天气，讲究的是调匀和平衡。

但即使在同一个地方，不同的人也会有不同的好恶。

做天难做三月天，稻要温和麦要寒。种田郎君要春雨，采桑娘子要晴干。

做天难做四月天，蚕要温和参要寒。种菜哥哥要落雨，采桑娘子要晴干。

做天难做五月天，麦要收割蚕要眠。插秧农夫要雨水，采桑娘子要晴天。

腊月三白白树挂，庄稼老汉说大话。（腊月雾凇，有望丰收。）

冬凌树稼达官怕。（树稼，泛指树上的雾凇、雨凇、雪凇。古时被视为达官贵人有灾祸的预兆。）

同样的天气，有人欢喜，有人忧愁。

不怕立秋雷，只怕处暑雨。

处暑雨，滴滴都是米。

处暑雨如金。

处暑不下雨，干到白露底。

处暑时，种稻的希望雨，种棉的希望晴。就像一位婆婆的两个女儿，一个卖伞，希望下雨；一个卖帽，希望天晴。如果卖的是保护伞、乌纱帽，那倒是不用那么在意天气了。

冬旱无人怨，夏旱大意见。

春夏时节，人们对于天气的期望值最高，诉求也最多元。正所谓"羊盼清明牛盼夏"。

在同一个屋檐下，人们对于天气气候尚且有不同的看法，那在现在气候变化的背景下，而且身居不同的气候区域，人们更是会有不同的天气说法、天气看法，甚至天气价值观。

行得春风有夏雨。

是说有强劲的春风才会有丰沛的夏雨。这句谚语想必出自夏季降水最多的夏雨型气候区，应该不是以秋季为主力降水时段的区域，更不会是夏季雨水稀缺、冬季雨水盛行的地中海式气候区。

我们常说"风里来雨里去"，夏季确实是先风后雨，先狂风大作，后骤雨倾盆。夏季是风里来雨里去，但秋季是雨里来风里去，先是秋雨连绵，后是秋风添凉。可见，有时简单的一句话便已隐隐地有了气候的写照。

古人希望春天快点儿来，数九的日子真是数够了。

但现在很多人却希望冬天慢点走：冬去莫要太匆忙，每逢佳节添脂肪；倘若棉袄一退役，半身赘肉何处藏？

良言一句三冬暖，恶语半声六月霜。

六月霜固然不好，可是三冬暖好吗？

"大寒不寒，人马不安"，随着全球气候变化，人们越来越清晰地体会到暖冬并不值得期待。

古时的谚语说：严霜出呆日，雾露是好天。

这后半句若搁在现代，大家很可能愤愤不平地想找古人争辩雾露怎么会是好天呢！

雾霾盛行时，我们"等风来"，坐等寒冷的北风赶紧来清理雾霾。一次，我忍不住打油一首：春耕夏耘起五更，薪柴未足怕秋声。古人实在很纳闷，你们为何盼北风？

☁ 喝西北风

为什么人们将什么都没有得到叫作"喝西北风"呢？

1. 因为西北风的水汽含量低于其他风向，喝东南风毕竟喝到了很多水汽，而喝西北风才是真正什么都没喝到。

2. 有时也不是什么都没喝到，春季的西北风沙尘含量最高，喝到的可能是滚滚沙尘，还不如什么都没喝到呢。

3. 西北风不仅干，而且凉，所以喝西北风，连温暖都没有喝到。

所以"喝西北风"之说饱含缜密的气候原理，可谓风中的汉语智慧。

但是，在雾霾盛行的时节，人们常常"等风来"，反而期盼凛冽的西北风清除雾霾，使天气焕然一新。本来"喝西北风"代表的穷苦，现代"喝西北风"俨然成为一种值得唶瑟的待遇。

显然，随着时代背景的变化，人们的天气价值观也在悄然变化。

在中科院天山冰川站的门口，一对蜜蜂来采蜜，然后……就在花间悠闲地睡着了。

不禁让人怀疑英语俗语"as busy as a bee"（像蜜蜂一样忙）的正确性。

有的地方是"一年不分四季"，有的地方是"一天可遇四季"。

巨大的昼夜温差，造就了一句著名的新疆谚语：早穿皮袄午穿纱，围着火炉吃西瓜。

当我在某地夸赞景物之时，当地人说："我们这里，半年是景区，半年是灾区。"是啊，夏半年的大美，或许是上苍为冬半年的大风大雪大寒所做的补偿。或许也只有在如此大开大合的气候之中，我们才能感受到这个世界的极限张力。

农耕社会，人们大多持守故土，很少云游四方，往往下意识地以为物候次第天下大同。

能像李白那样知道"燕草如碧丝，秦桑低绿枝"的人少之又少。"独有宦游人，偏惊物候新"，客居他乡游宦之人，才有机会惊讶于各地物候的差异。

谚语中有"千里不同风，百里不共雷"的天气差异，也有"百里不贩樵，千里不贩籴"的营销禁忌。但这个世界之大，天气气候之悬殊，还是远远超出人们曾经的猜想。

由于气候的差异，于是人们有了差异化的天气观。所谓天气观，一方面是如何观察天气，一方面是如何评价天气。

☁ 南风与北风

我们的古人认为，丰饶的物产都是温润的南风所带来的，所以有"熏风阜物"之说。所谓靠天吃饭，主要是靠夏天吃饭，靠夏天温暖湿润的南风吃饭。

《诗经》有云：凯风自南，吹彼棘心。

凯风（南风）吹拂着酸枣树。古人认为凯风为长养万物之风，所以温和的凯风也常被形容母爱。

日本的"春一番"，是以第一场偏南大风作为春天即将到来的一个象征性标志。人们对于南来的疾风虽有恐惧，但对这个性情稍显暴躁的春天信使还是充满期待。

在古希腊的《农事诗》中，却是这样描述的：

南风与暴雨联手，

时而森林在哭，时而海岸在闹，

即使害怕，也要服从天时。

南风还被加上了这样的定语：从海上袭来，对树木、庄稼和畜群有害的诺图斯（Nothus，南风）。

英语谚语：

The north wind is a raw cousin,

but it brings constant weather.

（北风是个生疏的表哥，但他会带来稳定的天气。）

而在中国，北风却是很少被赞颂的。

☁ 东风与西风

一则古老的英国天气谚语这样说：

When the wind is out of the east,

it is neither good for man nor beast.

（风起东方，人畜不安。）

相反，如果刮西风呢？

When the wind is in the west,

the weather's at the best.

（风起西方，气候最佳。）

在英国，人们赞颂西风，觉得西风带着芳香的翅膀（west wind with musky wing）。而如果刮东风，天气就会变得暴烈严酷。所以在他们的笔下，常用 keen（锐利的）、biting（刺痛的）、piercing（刺骨的）等词语数落东风。

英国桂冠诗人约翰·梅斯菲尔德（John Masefield），曾有这样一段诗：

It's a warm wind，the west wind，full of birds'cries，

I never hear the west wind but tears are in my eyes，

For it comes from the west lands，the old brown hills，

And April's in the west wind，and daffodils.

西风，能将人感动得热泪盈眶，也只有身处相似的气候区域才能真切地体会。

在中国，东风也被称为"婴儿风"，和暖而温润，也被称为"俊风"，可以理解为催生万物之美意吧。按照纳兰容若的说法，就是"春已十分宜，东风无是非"。当然，我们气候的东风也经常"搬弄是非"。诗词中的东风，往往是被文人"美颜"过的。中国古人怨恨东风的很少，"东风恶，欢情薄"，是因为东风吹散了主人公的欢情，实属个案。

雪莱的《西风颂》中，西风是激越和豪迈的，而东方文人笔下的西风，却是苍凉的、凄楚的、哀怨的。纳兰容若说："西风多少恨，吹不散眉弯。"再强劲的西风，也吹不开眉头锁住的万千愁绪。

中英两国相对比，中国的东风来自海洋，属于太平洋一族，西风来自内陆，属于西伯利亚一族。但对于英国而言，西风来自海洋，性情温润，东风来自内陆，干燥而寒冷。所以英语中"The east wind is coming！"（东风来了！）并不具有迎春的含义。不像朱自清的"盼望着、盼望着，东风来了，春天的脚步近了"，人们是那般欣欣然地迎候东风。

所以对于不同气候背景下的西风与东风，有着不同的气团属性，也有着不同的人文意象。

☁ 一年有多少个季节？

对于这个问题，人们都会不假思索给出答案。但如果放眼全球，却没有标准答案。古时候，我们按照春生、夏长、秋收、冬藏的节奏，划定了四个季节。我们也曾将一年划分为五个季节：春、夏、长夏、秋、冬。漫长难熬的夏，被拆分成两个季节：一个是干热季，一个是湿热季。古埃及人将一年划分为三个季节：播种季、（尼罗河）泛滥季、收藏季。季节的划分是以尼罗河为准的。而在日本古代，四季的划分中，秋季曾是一个很"随意"的季节。因为人们是把收割稻子的前一天定为秋天的来临，而稻子收割完毕就算是进入冬季了。由于有梅雨期，所以今天很多日本人还觉得一年应该有五个季节。

一位学者这样评述：

说到五月，已经是初夏了。可是在日本，夏初并不是直接进入了夏天的，其中还夹杂着梅雨这样阴霾的季节。虽然梅雨作为季语被划分在夏天，不过我感觉还不是夏天，当然也不是春天。我觉得它似乎是游离于四季之外的特殊季节。

在北极圈内的拉普兰地区，据说一年被划分为八个季节。但其中的五个季节，都是白色的。在很多高寒地区，所谓的季节，更属于文化范畴。而从气候上看，或许只有两个季节：一个是冬季，一个是"大约在冬季"。

拉普兰的八个季节											
1月	2月	3月	4月	5月	6月	7月	8月	9月	10月	11月	12月
寒冬季		带壳的雪季		消融季	午夜阳光季		收获季		多彩秋季	初雪季	圣诞季

在中国，聚居地历经变迁的拉祜族，其季节划分的历史沿革更是认知气候的一部文化史。拉祜族创世史诗《牡帕密帕》中说到，拉祜族早先居

住在青海湖一带，当时一年只分为两个季节，温季和寒季。

从三月起，太阳骑猪走，月亮骑马走。

八月以后，太阳骑马走，月亮骑猪走。

意即 3~8 月昼长夜短，9 月开始至次年 2 月昼短夜长。当然，起止时间只是相对粗略的设定。

南迁至四川之后，拉祜族语言中有了春夏秋冬。再次南迁至澜沧江流域之后，拉祜族的季节，又变成了雨季和干季。

在中国，虽然我们统称四季，但有的地方常冬无夏，有的地方常夏无冬，有的地方四季如春。即使在四季分明的区域，各个季节的时长也迥然不同。

季节分布												
哈尔滨	1月	2月	3月	4月	5月	6月	7月	8月	9月	10月	11月	12月
	冬季				春季		夏季		秋季		冬季	
北京	1月	2月	3月	4月	5月	6月	7月	8月	9月	10月	11月	12月
	冬季			春季		夏季				秋季		冬季
武汉	1月	2月	3月	4月	5月	6月	7月	8月	9月	10月	11月	12月
	冬季			春季		夏季					秋季	冬季
深圳	1月	2月	3月	4月	5月	6月	7月	8月	9月	10月	11月	12月
	春秋				夏季						春秋	
昆明	1月	2月	3月	4月	5月	6月	7月	8月	9月	10月	11月	12月
	冬季	春秋										冬季

再看看新加坡，如果严格地按照气温来划分，这里只有夏季；按照降水来衡量，这里也只有雨季。如果非要划分出相对的凉热、干湿，那么这里也只有一个不大凉的凉季、一个并不旱的旱季。

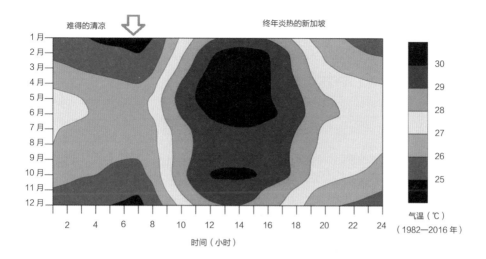

新加坡的炎热，弥漫于每个月，而清凉只在短暂的清晨时分。

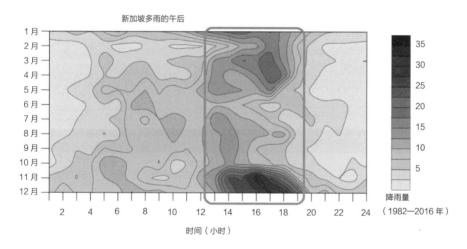

　　新加坡雨量分布的特征化差异，不在月际之间，而在一天之内。午后到傍晚，是雨水泼洒最繁忙的时段。

　　伦敦人自我调侃说，我们只有一个季节，就是梦里都会撑着伞的季节。伦敦平均每年183个降水日，新加坡尽管平均年降水量是伦敦的约3.5倍，但降水日数却为 167 天。新加坡人的梦，或许是热浪和骤雨交替的梦。

☁ 冬天来了，春天还会远吗？

雪莱在《西风颂》的结尾，留下了一句著名的话：

If winter comes，can spring be far behind？

冬天来了，春天还会远吗？

这句话，放在温带海洋性气候中还算贴切。但如果是在热带地区，人们或许会疑惑：什么是冬天？如果是在荒漠戈壁，春天是一年之中最"风尘"的季节，风最狂野，沙尘最嚣张地"一手遮天"，人们或许会调侃：春天来了我们也看不见啊！如果是在气温降到零下50℃，15 岁以上的孩子还必须坚持上课的西伯利亚极寒地区，孩子们可能会答道：冬天来了，春天还挺远的，至少还要 8 个月呢！

而如果珠穆朗玛峰来回答雪莱，或许会说：冬天来了千万年，春天一直都很远！

1月	2月	3月	4月	5月	6月	7月	8月	9月	10月	11月	12月
风季		转换季			雨雪季			转换季		风季	
冬季											

珠穆朗玛峰，如果以气温来衡量，只有一个季节：冬季。如果以天气现象来衡量，只有风季、雨雪季以及风季和雨雪季之间相对温和的转换季。珠峰风季的平均气温也在零下 50℃至零下 40℃之间，乃常人不能承受之寒。但珠峰的冷和珠峰的风相比，就算不得什么了，观测到的最大风速约 90 米 / 秒，这几乎就是高铁的速度！

☁ 什么时候天气最好？

在我们的意念之中，最好的时节无疑是草长莺飞的阳春三月。古人说：春梦暗随三月景。

意大利有这样一句谚语：

Marzo pazzerello quando c'e' il sole porta l'ombrello。

（发狂的三月份，天气晴朗，也别忘记带雨伞。）

可以想见，意大利的三月天气多变到被人们视为"发狂"的状态。

如果纬度再高一些，春季来临得更晚，不仅三月，四月的天气也非常任性。

德国有这样一则言说四月的天气谚语：

April，April，der macht，was er will！（四月啊，四月，它总是胡作非为！）

而英国的一句谚语说：

April weather，rain and sunshine are both together.

是说到了四月，依然呈现晴雨快速交替的状况。经历四月的晴雨变幻，才能有五月的收获，正所谓 April showers bring May flowers.（四月雨，五月花。）

在英国，六月虽不是最温暖的月份，但却是降水日数最少、天气回暖速度最快、日照时数最多、阳光最明媚的一个月。平均最高气温恰好在 20℃ 左右，平均气温 15℃ 左右，相当于阳春时节。

所以六月是国王庆贺其"官方生日"的时候。英国女王伊丽莎白二世的个人生日是 4 月 21 日，但"官方生日"设定在靠近 6 月 11 日的周六。自爱德华七世以来，英国王室便延续着将国王的官方生日定在 6 月的传统。我们说"最美人间四月天"，如果放在英国，或许就要改成"最美英国六月天"了。相信"领导"的眼光是不大会错的。

伦敦的季节分布											
1月	2月	3月	4月	5月	6月	7月	8月	9月	10月	11月	12月
冬季				春秋						冬季	

☁ 不一样的地方，就有不一样的龙！

有一次在贵州的一座大山里，走着走着下起雨来，一拐弯儿，却见刺眼的大晴天！

当地人说，刚才是"分龙雨"。平原地区，一条龙就可以管一大片。但在山区，一条龙只负责一块地，每条龙制定的晴雨政策不一样，所以在山间行走，便感觉晴雨不定。

从前，农历四月二十是小分龙，五月二十是大分龙。每年由春到夏，庞大的龙家族都忙于分立门户，分封辖区。怎奈龙多地少，龙浮于事，一座山往往任命数条龙分治。群龙有时旱处皆懒于行云，有时涝处仍忙于布雨。

人们之所以能够想出"分龙雨"这个概念，一个原因是夏季的降水，局地性突出，所谓"夏雨隔辙"，所以才有"下雨隔牛背""夏雨像堵墙，淋孩不淋娘"的说法。"东边日出西边雨，道是无晴却有晴"描述的同样是晴雨的局地差异。另一个原因，便是山地的降水，局地性更突出。山上山下不同，迎风背风各异。"日月之阴，径寸而移；雨场之地，隔垅而分"（明代杨慎语）。

九月九，收龙口。

民间认为，下雨是龙口吐水。南方在农历九月九之后，龙闭嘴了，雨水就少了，而风开始大了。所以又有"九月九，风吹满天吼"之说。九月九，在人们眼中，是雨减弱而风走强的一个关键日。

在节气起源地区，龙是"春分而登天，秋分而潜渊"。到了秋分，雷始收声、水始涸，龙早早地就休长假了。但在南方，龙要半个多月之后，重阳时节才收口。不同的气候区，有着不一样的龙。从前人们眼中龙的作息，或许就是人们所处的气候之缩影。

不一样的地方，就有不一样的龙，就像一千个人眼中就有一千个哈姆雷特一样。一方水土养一方人，甚至一方气候决定了一方人对于自然世界的世界观。

理解一个地方的风光、饮食、习俗以及人的性情，可以从理解它的气候开始。

☁ 台湾地区天气谚语

我在台北任教时，特地邀请大气系的几位教授按照在台湾地区的通晓程度对天气谚语做一个排序。梳理一下，大致是这样：

1. 春天后母面。

2. 九月台，无人知。

3. 未食五月粽，破裘不甘放。

4. 西北雨，落无过田岸。

5. 六月初一，一雷压九台；七月初一，一雷引九台。

6.春濛曝死鬼，夏濛做大水。

7.冬至在月头，要冷到年兜；冬至在月尾，要冷到正月；冬至在月中，无雪也无霜。

8.春天看海口，晚冬看山头。

9.正月寒死猪，二月寒死牛，三月寒死作田夫。

10.九月狗纳日，十月日生翼。

春天后母面。

它所言说的是春季天气之多变。相近的谚语非常多，例如春风踏脚报、春天孩儿面等。希望谚语在流变的进程中，会渐渐剔除一些粗鄙的字眼以及具有歧视之嫌的描述方式。以后母的脸色来形容春季的天气，这对众多的贤良继母不够公平。

九月台，无人知。

这则谚语说的是台风在9月利用季节变化，在盛行风的掩护下"隐身"偷袭行为。

当年就连气象主播也经常这么说。意思是：9月的台风最狡猾、最难预报。

为什么单单9月的台风最难预报呢？因为在没有气象卫星的年代，海洋上的观测数据很少，偌大的海面，对于人们来说，是一片空白。

盛夏时还好，因为盛行西南或东南风，台风自东临近时改吹东北风，风向的突变，给了人们一个很重要的提示，也很好辨别。

但9月开始，盛行风为东北风，台风临近时吹的也是东北风，风向不改，所以不易察觉，令人措手不及。

有了气象卫星，人们便有了观察海上风云变幻的"千里眼"，人们不再为海上的实况而发愁。其实没有狡猾的台风，只有未破译的密码。希望这则谚语只留在曾经的那个时代。

未食五月粽，破裘不甘放。

其实，我们需要相信天气谚语由古至今在传承过程中的自净能力。因为能够灵验、可以实用，是其存在之基，否则就会被人们疏远和淡忘。所以谚语的通晓度，往往是其价值的一种佐证。

人们在迁徙的过程中自然会将故土的乡谚带到新的居住地。例如闯关东的人们，在东北所念叨的谚语，原本只是吻合山东的气候。许多客家人流传的谚语，与中原的气候高度契合。

在台湾地区，别说端午，谷雨过后便有了浓郁的夏日气息。不过，"立夏小满，雨水相赶"，5月和6月因为有梅雨季，压制着气温，所以会让人有"连雨不知春去，一晴方觉夏深"的感触。从这个意义上说，这则谚语并非错谬，只是如果翻译成"未到端午，不算大热"或许更确切一些。

这则谚语，在内地更通行的说法是："未食端午粽，寒衣不可送"。同样流传广泛且久远。意思是说，如果没到农历五月初五（端午），不要丢掉棉衣。这则谚语的延伸版本是：吃了端午粽，还要冻三冻。

西北雨，落无过田岸。

这则谚语所说的是夏季的雷雨局地性强。相近谚语还有："夏雨隔牛脊""夏雨像堵墙，淋仔不淋娘"等。

六月初一，一雷压九台；七月初一，一雷引九台。

这则谚语所体现的是初夏和盛夏时节，雷电与台风之间的互动关系。

更宽泛的说法是：六月闻雷则台止，七月闻雷则台至。

根据当地专业人士统计，一般而言，六月雷多则台风少，七月雷多则台风多。

一雷压九台，是说：如果此地打雷，台风就不大可能来骚扰。但"九台"，只是夸张的比喻而已。

它大体上适用于初夏或初秋。初夏，天尚未大热，暖气团立足未稳；初秋，气温降低，对流减弱。如果打雷，很可能说明冷暖空气激烈交锋。

初夏和初秋，冷空气占据上风，冷暖交锋后，冷空气胜出的可能性加大。它胜出后会迫使副热带高压撤退，从而降低了副热带高压将台风向此地牵引的能力，使台风改变路径。

台风，也毕竟只是一团暖湿空气，一旦与冷空气交手，原有的威力也将大打折扣，受到压制。

但还有一则谚语："一雷引九台。"从字面上看，与"一雷压九台"恰好相反。

然而，"一雷引九台"，主要适用于盛夏。

这时，暖湿气团处于全盛时期，冷空气往往很难"染指"南方沿海地区。所以这时候打雷，大多是暖气团"内讧"造成的，也恰恰说明此地温度高，气压低，大气辐合运动，也就是本地气流对外来的气团有一种牵引力。如果再有大尺度的引导气流相呼应，就有可能引来台风。

当然，无论是压还是引，既有适用季节也有适用区域，而且提供的只是"有利"的氛围。

春濛曝死鬼，夏濛做大水。

与这则谚语相近的是：春雾晴，夏雾雨。

四季齐全的版本是：春雾日头，夏雾雨；秋雾凉风，冬雾雪。

春季乍暖还寒，夜晚晴朗，有利于辐射降温，水汽也就可能凝结，但此时天气干燥，即使凝结成雾滴，雾气也比较浅而薄，日出之后很容易消散，于是晴朗再现。

夏季不仅气温高，而且黑夜短，水汽不大容易产生饱和的状态并持续。雾的出现，很可能是气旋形成的辐合所致，所以很可能发生降雨。

秋季天气变得干爽，如果冷空气南下，冷暖交汇时会将空气"榨出水"来，形成雾滴，然后暖空气抵挡不住冷空气的攻势，人们便能感受到冷空气胜利的标志——凉风。

冬季是大雾天气最多最重的时节，但现在，冬雾雪的概率比冬雾霾要低。

可见不同季节的雾，可能对应或预兆着不同的后续天气。

在台湾地区的"中国文化大学"，几位老师和我谈起陈年旧事：

文化大学坐落在山上，草木葱茏的阳明山如同空调，夏季山下炎热，而山上的教室、宿舍只要开门开窗便无暑热之忧。

但 20 世纪 70~80 年代山上雾气甚浓，教室里常迷雾重重，师生互不能见，老师只口述不板书，于是有些学生悄悄乘云雾从门窗溜出，临下课再摸回座位。大家很怀念那时可以在老师眼前隐身的"云雾课"。

冬至在月头，要冷到年兜；冬至在月尾，要冷到正月；冬至在月中，无雪也无霜。

是说冬至节气出现在农历的月初、月中、月末，各自可能对应什么样的后续天气。古时候，人们常以某个节气在（农历）月的首尾来判断冷暖旱涝以及年景。

有些谚语没有经过充分的统计验证，或与气象学原理无相合之处，于是学者们便为其加一个备注：尚待厘清。这也是一种严谨的态度。

类似的谚语还有：初一落，初二散，初三落到月半。说的是如果大年初一下雨，初二就晴了，但如果初三下雨的话，就可能下到正月十五以后。

如果冷暖晴雨与农历日期之间能有这么明确的对应关系就太好了！逐日的天气都可以提前印在日历上了。有些谚语，是预报的参考依据；有些谚语，是人们的梦幻愿景，尤其是这种关键日类谚语。

古时候，冬至是一年中的三大关键日之一，因此，以冬至推断冷暖的谚语不胜枚举：

冬在头，卖被去买牛；冬在尾，卖牛去买被；冬在中，十个米仓九个空。

冬至在头，冻死老牛；冬至月中，单衣过冬；冬至在尾，没有火炉后悔。

冬至月初，石头冻酥；冬至在月腰，过年没柴烧；冬至月尾，大雪纷飞。

稍一对比，就能发现"各家"归纳的结论分歧不小。

可以类比的判断方式还有很多，比如：

春打五九尾，穷人跑断腿；春打六九头，米饭泡香油。

如果立春那一天恰逢"五九"的尾，年景可能很差；立春那一天赶上"六九"的头，年景可能很好。

再比如：早立秋，凉飕飕；晚立秋，热死牛。

这个说法大体上有两种解释：一个是按照立秋的准确时刻在早上还是晚上，所谓"此于一日之早晚辨立秋也"。一个是按照立秋是在（农历）六月还是七月来判断，所谓"此于两月之间分立秋之早晚"。

春天看海口，晚冬看山头。

更简约的说法是：冬看山头，春看海口。

因为冬季盛行北风，降水多是气流遇山爬坡所形成的地形雨，所以要望山看云。而到了春天，季风转换，来自海洋的暖湿气流逐渐成为主力军，所以要观海看云。

正月寒死猪，二月寒死牛，三月寒死作田夫。

按照这则谚语的语义，从立春到谷雨，隶属春季的所有节气都可能非常寒冷。

正月之寒，考验的只是生命个体单纯的御寒能力，所以说寒死猪。二月之寒，为什么"中枪"的是牛？因为牛在干活，是因为寒冷加劳累。而三月之寒，对于"作田夫"而言，便是严峻的挑战！因为春天耕种之前的寒冷，人们尚可在家中躲避。但三月之寒，是农民在泥土中与天地共寒。人们熬冬，越熬抵抗力越弱，而且午暖之时，衣着单薄，"倒春寒"的伤害更大。

九月狗纳日，十月日生翼。

意思是说，到了农历九月，秋阳难得，就连狗都知道要抓紧时间晒晒太阳。待到（农历）十月，白昼短暂，又难得响晴，太阳就像长了翅膀一样，一不留神就飞走了。

日语中也有类似的谚语：

秋の日は**釣瓶落**とし。（秋天的太阳落得飞快。）

台北的逐月日照时数（1981—2010 年气候平均）											
1月 80.6	2月 71.3	3月 89.6	4月 92.6	5月 113.7	6月 121.7	7月 179	8月 188.9	9月 153.7	10月 124	11月 99.3	12月 90.7
减少 11.1%	减少 11.5%	增加 25.7%	增加 3.3%	增加 22.8%	增加 7.0%	增加 47.0%	增加 5.5%	减少 18.6%	减少 19.3%	减少 19.9%	减少 8.7%
日照时数较上月增加或减少											

参照台北的逐月日照时数表，可见 10 月和 11 月日照减少的百分率是

最大的，自然令人感触深刻。

渐渐地，日照减少，"负暄"（晒太阳）便是一种免费的养生。

古人说："夏日可畏，冬日可爱。"冬日固然可爱，但夏季的阳光其实也没那么可畏，只要避免长时间暴晒，阳光同样是可爱的。《黄帝内经》中说："无厌于日，使志无怒。"就是告诉我们在夏季不要厌恶阳光。"捂捂盖盖，不如晾晾晒晒"，从某种程度上说，阳光是最好的消毒剂。

第八章

高手在民间

新谚语的智慧

每个时代都注定有许多关于气象的民间智慧积淀下来，正如网上的一句流行语：高手在民间！

梳理和解读天气谚语，并非只是在故纸堆中追溯，还需要捕捉和积聚这个时代的智慧。而且，由于社交媒体的出现，人们可以随手在网络"广场"或网络"客厅"中"晒"出自己对于气象的感触，其丰富性、即时性远远超出以往的任何一个时代。

天气谚语，不应只是由古人印制好的一本书，我们仅仅拿来阅读。它是一笔丰厚的遗产，它更应当是一张存折，我们可以继续往里面"存钱"，将更多的财富，传递给我们的后人。

清宫中的藏书之所"摛澡堂"有乾隆皇帝题写的一副匾联："从来多古意，可以赋新诗。"它来自杜甫的两首诗，集句而成。这副匾联，特别能够代表我心目中天气谚语的前世与今生："从来多古意，可以赋新诗。"

有一次在杭州，进入卧室，床头有一个便笺，手写的天气预报：明天的天气，"水光潋滟晴方好"。这一句的"晴"字被画了一个圈儿；后天的天气，"山色空蒙雨亦奇"。这一句的"雨"字被画了一个圈儿。我很喜欢这个天气预报便笺。

从前小客栈门前的纸灯上写着：未晚先投宿，鸡鸣早看天。前者是客栈广告，后者是观天方法。那时候大家多么喜欢琢磨天气啊！当然，现在别说手机 App，酒店大堂里往往也会有天气预报牌或者显示屏，不用自己观察了。

所以在今天，不大可能产生新的预报判据类的天气谚语，而人们对于天气的感触却可以藉由互联网更便捷地传播。而这些感性的评述，同样是人们对于气象认知的组成部分。

● **十面霾伏。**

雾霾严重时，能见度差到什么程度呢？

遛狗不见狗，狗绳提在手。

见绳不见手，狗叫我才走。

秋冬雾霾盛行的过程中，人们往往苦中取乐，"歪批"词汇或语句。其中最著名的，还是将成语"十面埋伏"改编为"十面霾伏"。

服务变成了"服雾"，伏地魔变成了"伏地霾"，自强不息变成了"自强不吸"，"露从今夜白，月是故乡明"变成了"露从今夜白，霾是故乡纯"。把霾之困扰说成是"故乡的此时，正是品霾的好季节"。一些雾霾天气过程，也被网友按其影响特征，冠以"爆表霾""跨年霾"的称谓。

在雾霾肆虐之时，吐槽激增，在雾霾消散之时，是照片刷屏——人们情不自禁地在社交媒体上传照片"晒蓝天"。

一次是临近春分，雪没下而雾再起，于是我打油一下：

花香已入怀，有雪梦中来。呵呵惊坐起，窗外是雾霾。

一次是霜降过后，冷风吹散雾霾，北京的 AQI（空气质量指数）只有 7，空气如大草原般的清新。我又忍不住打油一下：

指数只有七，报晓不用鸡。虽然很清冽，可以深呼吸。

有一次，我和一位基诺族小朋友兹布鲁聊天，他说他特别想去北京看看，我问具体想看点什么呢。他很认真地说："最想看点我们这儿没有的，一个是雾霾，一个是堵车。"

听罢，我一时语塞。

希望有一天，不再有那么多雾霾可供人们调侃，也很少有人"晒蓝天"，因为蓝天已是"家常"天气。

重霾之下，2015 年的圣诞节，网络上流行一句话：霾 rry 咳 ristmas……

把 Merry Christmas（圣诞快乐）改造成了一个古怪的句子，或许具有相同经历的人们才可会意。

有人说，英语中为什么蓝色代表忧郁呢？蓝色应该代表清爽清澈啊！为什么不是灰色代表忧郁呢？

雾霾的肆虐，使人们有了苦苦"等风来"的期盼。一次在朋友圈中，某气象台台长刚发了一条大风降温预警，下面便是数条类似的留言：这当口儿，你们怎么可以发大风降温预警呢？不是应该发布大风降温喜讯吗？

以往的"反派"天气，这时却攒足了好人缘儿！

英语中的一则谚语说：

No weather is ill if wind be still.（没有风就没有坏天气。）

可是现在许多人紧锁眉头地盯着 PM2.5 浓度，这时盼的不就是风吗？没有风的天气，才是坏天气呀！

但实际上，对于英国而言，风也曾经是"清洁工"甚至"解救者"！

克里斯蒂娜·科顿在其《伦敦雾：一部演变史》中描述了1820—1960年伦敦的雾霾困境。

那雾，是"豌豆汤颜色的雾"，像布丁一样"黏稠到可以勉强咽下去而不至于被噎住"。人们把去伦敦，称为"去烟里"或者"欢迎来到毒气乐园"。研究云的人卢克·霍华德（国际通用的云分类法的创立者），晚年只能研究雾，因为他几乎不再能够看到云。我猜想，在那个年代，"没有风就没有坏天气"这句谚语很像一张废币。

德语版

Der Nordwind ist ein rauher Vetter,

aber er bringt beständig Wetter.

英语版

The north wind is a raw cousin,

but it brings constant weather.

（北风是个生疏的表哥，但他会带来稳定的天气。）

德语版

Nordwind vertreibt den Regen.

英语版

A north wind drives away the rain.（北风带走雨。）

有的人看重北风，是因为它可以带来稳定。有的人偏爱北风，是因为它足以荡涤阴雨。而我们喜欢北风，是因为它能够清除雾霾。从前，"喝西北风"带有贬义，谚语说：西北风吹牛马瘦。西北风可谓减肥风，可是现在要能及时地喝上清冽的西北风，似乎已成了一种享受。

Morning grey is sure of a fine day.（晨雾昼晴。或者译为：早上灰，白天蓝。）

Early morning fog indicates a sunny day.（晨雾预示好天气。）

德语版
Grauer Morgen-schöner Tag!
英语版
Grey morning-beautiful day!（早晨灰，一天晴！）

这个很难有共鸣，我们经常灰上一整天。有时，晨雾之后是昼霾，一整天都是雾霾交替，雾与霾此起彼伏的"二人转"。

小时候学英语，背诵的第一个长句子便与天气有关：

It is such a fine day that I thought I'd go out for some fresh air.

以前觉得天儿不错便想出去走走，现在出门之前还会下意识地掏出手机，先查一下 AQI 数据以及 PM2.5 的浓度。

- **富不过三代，蓝不过三天。**
  这是最近这些年以调侃的方式涌现出来的一则"天气谚语"。

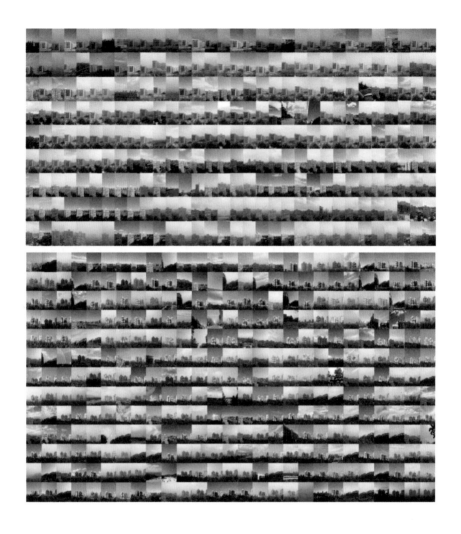

　　从北京 2015 年的蓝天来看，连续三天以上的蓝天确实很少，无论是视觉上的蓝天，还是指数上的"蓝天"（出现降水，尽管天空未必是蓝的，但空气质量指数 AQI 为优，也泛称"蓝天"）。超过三天通透的蔚蓝天空，一年只有两三次，着实令人感慨。而且这还是在 2014 年的基础上，PM2.5 平均浓度降低了 6.2% 的 2015 年。

2016 年 PM2.5 浓度为 73.0 微克 / 立方米，比 2015 年下降 9.9%，但仍超过国家标准 109%。2016 年年底还遭遇爆表霾和跨年霾。

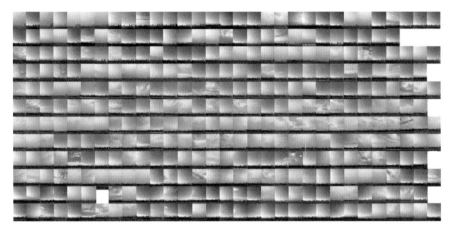

注：图片来自中国天气网的每日拍摄

2017 年，北京的蓝天终于多了。

2017 年 PM2.5 浓度为 58.0 微克 / 立方米，比 2016 年下降 20.5%，降幅最为可喜，但仍超过国家标准 66%。

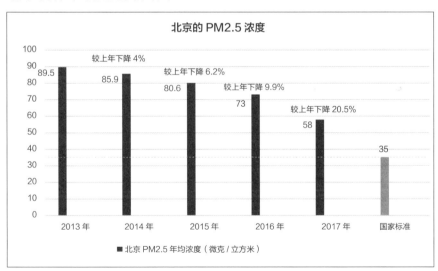

荷兰的一则谚语令人感慨：

ILL air slays sooner than the sword. （污浊的空气杀人比刀还快。）

希望，富能够代代相传，蓝能够天天相接。

近些年，人们还有很多对于天气妙趣横生的点评，暂且可以称之为"类谚语"。

当然，新时代的类谚语，其表达不会像传统谚语那样。就像新诗不像旧体诗那样严格地对仗、合辙押韵一样。或许平白如话，简单、"暴力""解气"。所以我们搜集现今的类谚语时，无须拘泥于语言格式或韵律。

能穿多少穿多少。

这句话，说的时候，逻辑重音不同，表达的就是完全不同的含义。有人说：这句话难死老外了。它再一次证实了汉语的强大。

冬天是：能穿多少穿多少。重音在"多"字，为了御寒，只要你有，只要你能，穿多少件衣服都不嫌多。

夏天是：能穿多少穿多少。重音在"少"字。为了防暑，衣服要穿得越少越好。

经常在网络上和生活中听到人们用这句话开玩笑，它也可以算作是广义的一则天气谚语吧。

针对寒冷，网友们的一句话也很有天气谚语的韵味：

北方的冷，是物理攻击；南方的冷，是魔法攻击。

它真切地描述了北方干冷与南方湿冷的差异。湿冷，往往能够显著降低人们对于温度的体感，南方的湿冷更能使人感受到一种透彻筋骨的寒意。有研究表明，人在身体潮湿的时候，散热速度是干燥时的 25 倍。所谓"魔法攻击"，所言不虚。

寒风呼啸时，与风和日丽时，即使气温相同，也会带给人们不同的感受。

根据美国 NOAA 的风寒指数（Windchill）显示，气温在 0℃时，2 级风时人的体感是零下 3℃；6 级风时人的体感是零下 7℃ ~8℃。在同样的温度下，大风能够显著缩短人被冻伤的时间。

美国 NOAA 风寒指数																								
		气温℃																						
		4	2	0	-2	-4	-6	-8	-10	-12	-14	-16	-18	-20	-22	-24	-26	-28	-30	-32	-34	-36	-38	-40
2	8.05												-29	-31	-33	-35	-38	-40	-43	-45	-50
3	16.1												-31	-33	-36	-39	-41	-44	-47	-49	-54
4	24.2										-29	-31	-37	-39	-42	-44	-47	-49	-54	-57
5	32.2									-30	-33	-36	-38	-41	-43	-46	-49	-51	-54	-57	-59
6	40.3							-21		-28	-31	-34	-37	-39	-42	-45	-48	-50	-53	-56	-58	-61
6	48.3							-30	-32	-35	-38	-41	-43	-46	-49	-52	-54	-57	-60	-62
7	56.4						-21	-31	-34	-37	-40	-44	-47	-50	-53	-56	-58	-61	-64
8	64.4						-37	-60	-40	-43	-46	-49	-51	-54	-57	-60	-63
8	72.5					-24	-32	-35	-38	-40	-46	-46	-49	-52	-55	-57	-60	-66
9	80.5					-30	-33	-36	-38	-41	-47	-50	-53	-55	-58	-61	-64	-67
9	88.66				-21	-30	-33	-36	-39	-42	-45	-47	-50	-53	-55	-58	-61	-65	-68
10	96.6				-26	-34	-37	-39	-47	-45	-48	-51	-54	-57	-60	-63	-65	-68

冻伤时间 ▨30 分钟 ▨10 分钟 ▨5 分钟

所以刮风或者下雨时，实际温度与体感温度往往差异很大，所以会感觉天气预报中报的气温不大准啊！

谚语说：反了春，冻断筋。是指立春期间刮风下雨，反而会比小寒大寒时感觉更冷。

因为立春期间气温往往只是稍微升高了一两度，但随着风力加大和降水增多，低温如虎添翼，它添了一双翅膀，一个是风，一个是湿。于是身体散热加速，体感温度反而更低。小时候，手脚被冻伤往往是在冬末春初的阶段。

冬季本该出现降雪，但迟迟不来，冷空气只刮风降温。于是，一句话广为流传：

不以降雪为目的的降温，都是耍流氓！

这句话折射出冬天人们对于降雪的期待。不正经地下几场雪，那还算是冬天吗？

前气象主播陈韵平小姐向我介绍说，台湾地区的类似说法是：我们不欢迎达不到放假标准的台风！

德语中体现同样思维的一则天气谚语，说得更凶悍：

Gewitter ohne Regen ist ohne Segen.（没有倾盆大雨的雷暴是受诅咒的。）

2014 年 12 月 9 日，北京便观测到了降雪，并定为初雪。但众多人并不认同，因为大家没有见到，降雪没有施行"普惠制"，之后的几场雪皆如此。所以人们开始流传一句话：

雪，都下在了朋友圈里！

（即别人见到了，我却没有见到。）

2018 年 1 月 21 日深夜，北京也观测到降雪，并定为初雪。但是大家没看到，于是大家提出了北京初雪的新标准：故宫没有下雪，就不能算作初雪！

与很多朋友讨论初雪时，大家都深感初雪难以预报，因为既涉及降水有无，还涉及降水相态。所以我用"初雪如同初恋，预见不如遇见"这句话来提醒，希望人们能够认知到初雪预报上的难度。

很多国家的天气预报同行都有这样的感触：冬天的第一场雪，预报准确率常常不及格。初雪，如同初恋，你很难确切地知道会在哪一天翩然降临。初雪，或许是冬天记忆中最唯美的时刻。但，来得太早，是困扰；来得太晚，是折磨。

在气候变化的背景下，雪下得越来越少，来得也越来越晚。有时不仅迟到，甚至还"旷课"，所以人们越发珍惜那些可以堆雪人、打雪仗的下雪天！为一场像样的雪而情愿忍受湿滑与寒冷，所以当气象台发布暴雪预警之时，往往得到的是众多求雪的回复，"自己家"下了雪还嫌不过瘾，还要观望"别人家"下雪。雪，正在成为一种稀缺性的天气现象。

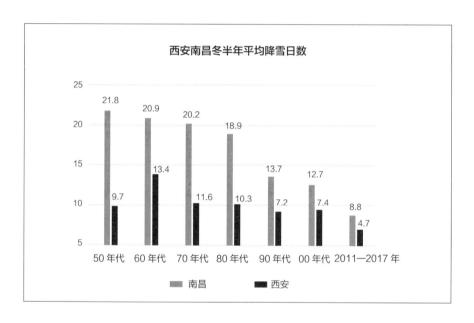

西安南昌冬半年平均降雪日数

自 2011 年 6 月开始，网络上将城市内涝称为"看海"，这一表述方式一直长盛不衰。人们感慨，气候越来越以暴力的方式袒露性情，而脆弱的环境承载力更令人感叹：给点阳光就灿烂，给点雨水就泛滥。

2014 年 8 月，南方地区异常炎热，很多地区的气温纷纷打破历史极端纪录。面对不堪承受之热，人们以这种方式来自我调侃：

躺在床上，红烧；

铺张席子，铁板烧；

下了床，清蒸；

出去一趟，爆炒；

游了个泳，水煮；

回来路上，生煎；

进了家门，回锅……

将各种天气体验，表述为丰富的中国烹饪方式。

2015年4月，出现严重的倒春寒，催生出一句感慨：

好不容易熬过了冬天，却差点儿冻死在春天！

记得我做《天气预报》之前，询问大家对于气温暴跌的感触。一位网友说："这哪儿是降温啊？这明明是速冻嘛！"

于是我把这句话"移植"到了节目之中，引发了更多的共鸣。

古老的谚语，来自前人的"众筹"。今天的天气评述，也需要来自人们的"众筹"。科学需要接地气，用浅显的方式，让人看得清、听得懂、记得住、用得着。而日渐普及的社交媒体，使这种"众筹"成为可能。

当盛行阴雨时，人们借用古词：

问世间"晴"为何物！

当遭遇严寒时，人们套用流行语：

被窝以外的地方，都是远方！

而2018年大寒时节的雨雪冰冻，又催生了升级版：

以前，被窝以外，都是远方；现在，被窝之内，也是冰箱。

2014 年临近春节，针对先暖后冷的天气趋势，我在《天气预报》中进行了这样一段总结："大年初五是一个分水岭，之前是暖意已探春，之后是寒气又袭人。"

2014 年 10 月的一次剧烈降温，预报之余我在节目中提示："有雨雪，有风霜，赶紧备冬装！"

2015 年 3 月，回暖迟缓，我在节目中提示："天气不着急暖，我们不着急脱。"

这些个例，都在一定程度上来自表述方式上的"众筹"。

很多描述或点评天气的经典语句，特别能够引发共鸣。在网络上，它几乎就是气象相关信息传播过程中的传播引擎。

古老的谚语，在流传的过程中，一个非常重要的改进，就是朗朗上口"韵语化"，易于传播。信息社会，其实最不缺乏的，就是信息。我们在传播的过程中，也应该向谚语学习。

品读天气谚语，并不仅仅是让原有的天气谚语能够"活着"，人们记得并应用着，也希望它的思维、它的描述方式在当今被与时俱进地改进。

古时有很多诗是劝耕，现在居然有很多诗是"劝穿"，因为要风度不要温度的人很多。

《秋裤赋》，每年在寒露至霜降时节，都会再度流传一番：

我要穿秋裤，冻得扛不住。

一场秋雨来，十三四五度。

我要穿秋裤，谁也挡不住。

翻箱倒柜找，藏在最深处。

说穿我就穿，谁敢说个不。

未来几天内，还要降几度。

若不穿秋裤，后果请自负。

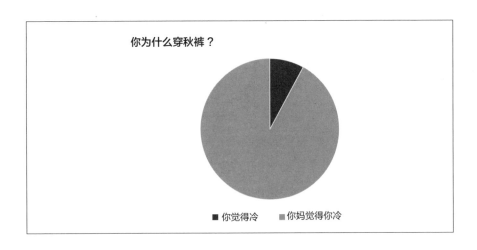

清秋时节，据说有两种最著名的冷：

有一种冷，叫忘穿秋裤。

白露白露，身不露，寒露赶紧穿秋裤。

还有一种冷，叫作"你妈觉得你冷"。

我这条命是空调给的

城市经常被比作一个大蒸笼。每到盛夏，就会有很多网友感叹："我这条命是空调给的！"

首先体现的是热岛效应，但同时还是雨岛、脏岛。

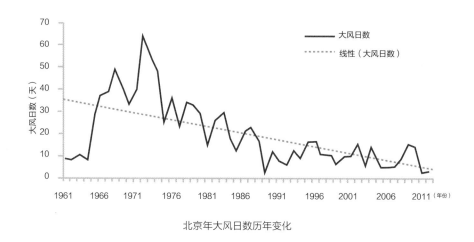

北京年大风日数历年变化

　　北京的年平均风速在以每 10 年 0.09 米 / 秒的速率在减弱。大风日数以 6.0 天 /10 年的速率在减少。

　　据统计，城市的无风天气比乡村多 20%。很多城市风速减弱，空气很难体现通畅的流动性。

　　因为是热岛，热力作用触发对流性不稳定的概率增高，而且城市空气中吸湿性颗粒物"琳琅满目"，可以担任水汽凝结核，所以城市的云和雨都要比乡村多。有时候，大家都下雨，城市是降雨中心；有时候，别人都不下雨，雨只在城市里偷袭一下。

　　由于气候变化与城市热岛效应的叠加，在都市之中，人们越来越倚仗空调。

　　实际上，气候之变迁，也在改变着人们对于某种天气的价值观，也将使固有的天气谚语需要换上新的时代"马甲"。古人说："冬雷震震，夏雨雪，天地合，乃敢与君绝。"现在的气候，季节由"循环播放"，有时变为"随机播放"，夏飘雪、冬打雷岂可再用于海誓山盟？用网友的话说，现在的冷暖，好不遵守季节的约束，简直就是：

众里寻他千百度，你想几度就几度。

旧时在北京，人们笃信一则谚语，叫作：喝了白露水，蚊子闭了嘴。

但是随着气候变暖，夏季常常变为加长版的"夏季Plus"，有时，纵使喝了寒露水，蚊子依然不闭嘴。2012年临近秋分时节，一位老北京愤愤地对我说："以前一立秋，蚊子基本就消停了，现在这蚊子忒不尊重传统'蚊化'了！整天跟打了鸡血似的，比村里的鸡起得还早、比城里的鸡睡得还晚，比人还擅长人肉搜索。喜温耐热不怕冷，比谁都适应气候变化！老话儿说，旱枣子，涝栗子，不旱不涝收柿子。人家至少还都怕一样儿，您说今年这蚊子怕过谁了？"

进入10年代，北京即使在寒露时节，高于蚊子休眠温度的天数也高达47%。

2009年在广西出差，曾与河池市气象局的黄运丰老师交流，他很喜欢用山歌的方式传播气象知识。比如：

人工增雨用科技，天有云朵是前提；

炮声震得云打抖，才有雨点往下滴。

干旱严重的时候，很多人希望气象局实施人工增雨，但如果没有云，人工影响技术便难为"无米之炊"。这则"气象山歌"完全是大白话，以白描的方式"科普"了人工增雨的先决条件。

山歌有着当地人熟悉而亲切的韵律，听歌时的现场感远远胜过白纸黑字的书面表达。所谓山歌，往往是"这边唱来那边和"的接龙方式。其缘起，无关科普，而是青年男女之间的情感表述，只是经常借用气象和物候作为"引子"而已。

（男）二月里来是惊蛰，河边杨柳水中鹅。

一天晴来一天雨，遇晴不约是为何？

（女）三月阳春不用猜，满山满坡桃花开。

劝哥莫学柳下人，朵朵爱来朵朵摘。

其实，科普也无须以纯粹的方式言说气象。嫁接在情歌之中也很好，谚语从来就不是板起面孔的词句。

古代的天气谚语，就是以"众筹"的方式积攒、验证、流传的。而当今，有了互联网，有了自媒体，众筹更轻松、更高效。质疑和验证也更容易，正所谓网络的"自净"功能。

这种众筹，是基于"高手在民间"的理念，而不仅只是气象专家在编排。

当然，气象相关专业的学者，也需要俯下身来，通天气，接地气，基于科学的理念，梳理并润色出科学的谚语表达，而不只是闻于旧时天气谚语的种种局限或谬误。

于是一部分新的谚语的缘起以及推动者可以是专业的科普机构及其学者。他们也应向民间学习那种听起来就能懂，抄起来就能用的方式，基于科学，易于传播。

最好的科普，不是人们有了疑惑的事后科普，不是先用艰深晦涩的语言格式把大家绕晕了再科普。最好的科普，是"一体化"的，是自始至终以科普的方式传播科学信息。

天气谚语，本来就源自生活中大家七嘴八舌地聊"天"，聊的真是天，精彩的部分被记载、被检验，然后得以传世。

网络时代，人们都有话筒，内容的上传，越来越即时、即兴。这个时代，可以创生出描述气象现象和规律的更多谚语。

2017 年临近春节时， CCTV《共同关注》的主播朱广权在播报新闻之余，回答网友的提问，结果这段回应，使节目蹿红，他也被网友称为"CCTV 第一段子手"。

快过年了，问你们电视台放假吗？

亲爱的观众朋友们，

地球不爆炸，我们不放假。

宇宙不重启，我们不休息。

风里雨里节日里，我们都在这里等着你。

没有四季，只有两季：

你看，就是旺季；

你换台，就是淡季。

天气气候，每天都不放假、不休息，都在等着我们。

希望我们"不换台"，我们看，我们关注，我们洞察，以获得更多的谚语智慧。

图书在版编目（CIP）数据

中国天气谚语志 / 宋英杰著 . -- 北京 : 中信出版
社 , 2020.9
ISBN 978-7-5217-1270-4

Ⅰ . ①中…　Ⅱ . ①宋…　Ⅲ . ①天气谚语－汇编－中国
Ⅳ . ① S165

中国版本图书馆 CIP 数据核字（2019）第 262356 号

中国天气谚语志

著　者：宋英杰
出版发行：中信出版集团股份有限公司
　　　　（北京市朝阳区惠新东街甲 4 号富盛大厦 2 座　邮编　100029）
承 印 者：北京盛通印刷股份有限公司

开　本：787mm×1092mm　1/16　　印　张：25　　字　数：360 千字
版　次：2020 年 9 月第 1 版　　印　次：2020 年 9 月第 1 次印刷
书　号：ISBN 978-7-5217-1270-4
定　价：88.00 元